Christian Görtz

Mehr Umsatz durch Marketing-Kooperationen

Die günstigste und schnellste Strategie,
um neue Kunden zu gewinnen

Christian Görtz

Mehr Umsatz
durch Marketing-Kooperationen

Die günstigste und schnellste Strategie,
um neue Kunden zu gewinnen

Bibliografische Information der Deutschen Nationalbibliothek

Die Deutsche Nationalbibliothek verzeichnet diese Publikation
in der Deutschen Nationalbibliografie; detaillierte bibliografische
Informationen sind im Internet über http://dnb.d-nb.de abrufbar.

ISBN 978-3-86936-124-6

Unter Mitarbeit von Dr. Petra Begemann,
Bücher für Wirtschaft + Management, Frankfurt am Main,
www.petrabegemann.de

Lektorat: Friederike Mannsperger, Offenbach a. M.
Umschlaggestaltung: Martin Zech Design, Bremen, www.martinzech.de
Illustrationen: Ralph Schreiner
Satz und Layout: Da-TeX Gerd Blumenstein, Leipzig, www.da-tex.de
Druck und Bindung: Salzland Druck, Staßfurt

www.gabal-verlag.de

Abonnieren Sie den GABAL-Newsletter unter:
newsletter@gabal-verlag.de

Inhalt

Vorwort
von Peter Sawtschenko

Haben Sie sich schon einmal die Frage gestellt, wie viel Zeit und Geld es Sie kostet, neue Kunden zu gewinnen? Sie werden überrascht sein, wie viel zusammenkommt, wenn Sie dazu eine genaue Rechnung aufmachen. Und manchmal hat man den Eindruck, die Neukundenakquise wird von Jahr zu Jahr aufwendiger und schwieriger. Aus diesem Grund wird es für jeden Unternehmer mittelfristig zur Überlebensfrage, nach intelligenten und bezahlbaren Wegen zu suchen, um neue Kunden zu gewinnen.

Die Frage der Neukundengewinnung

Einer dieser Wege ist es, geschickte Marketing-Kooperationen aufzubauen. Marketing-Kooperationen sind die kostengünstigste, effektivste und erfolgreichste Neukundengewinnungsstrategie der Zukunft – der einzige Marketingansatz, mit dem Sie ohne große Streuverluste neue Kunden gewinnen. Denn die Kooperationsdevise lautet: mit minimalem Aufwand maximalen Marketingerfolg erzielen und bisher unausgeschöpfte Marketingpotenziale heben. Wer sich damit nicht beschäftigt, wirft regelrecht Geld aus dem Fenster!

Durch hohe Streuverluste von bis zu 90 Prozent und mehr sind wir mittlerweile zu einer Werbebudget-Wegwerfgesellschaft geworden. Bei Mailings gibt man sich inzwischen mit absurden Rücklaufquoten im Promillebereich zufrieden! Marketing-Kooperationen setzen neue Maßstäbe und werden das Marketingdenken grundlegend verändern.

Eine neue Denkweise

Ob Sie mittelständischer Unternehmer oder Freiberufler sind, ob Sie einen kleinen Betrieb führen oder einen größeren, für Sie bedeutet das: Je besser und je eher es Ihnen gelingt, mit anderen „Zielgruppenbesitzern" zu kooperieren, umso einfacher werden Sie im Markt punkten. Sie werden in die Lage versetzt, Ihre Akquise auf Autopilot umzustellen. Das erlebe ich in meiner Beratungspraxis immer wieder, sodass Joint Venture Marketing inzwischen fester Bestandteil meiner Beratungen und Workshops ist. Nicht selten haben meine Kunden 80 bis 90 Prozent ihrer jährlichen Marketingkosten eingespart. Einige von Ihnen bilden längst eigene Mitarbeiter für strategische Marketing-Kooperationen aus. Ich bin davon überzeugt, dass Marketing-Kooperationen ähnlich wie Positionierung zu einem zentralen Managementthema und einer neuen Form der Spezialisierung werden.

Automatisch neue Kunden gewinnen

Wenn Sie Geld sparen, automatisch neue Kunden gewinnen und Streuverluste im Marketing minimieren wollen, so haben Sie jetzt mit dem Buch von Christian Görtz „Mehr Umsatz durch Marketing-Kooperationen" den Schlüssel dazu in der Hand. Christian Görtz ist es gelungen, dieses Thema erstmals systematisch für den Praktiker darzustellen. Sie finden auf den folgenden Seiten alle wichtigen Informationen, von den vielfältigen Vorteilen über die unterschiedlichen Kooperationsformen bis zur konkreten Planung und Umsetzung von Marketing-Kooperationen. Und das Beste: Statt grauer Theorie erwarten Sie zahlreiche Praxisbeispiele zum Anfassen. Ich kenne Christian Görtz mittlerweile viele Jahre und schätze ihn als erfahrenen Marketingexperten. Es ist immer ein Gewinn, sich mit ihm auszutauschen und mit ihm zusammenzuarbeiten.

Deshalb bin ich mir sicher: Dieses Buch wird Ihnen helfen, von Kalt- auf Warmakquise umzuschalten. Viel Spaß beim Entdecken der Kooperationspotenziale in Ihrem Unternehmen!

Peter Sawtschenko
Sawtschenko Institut –
Positionierungsstrategien und Marktnischenstrategien

Symbole

Diese sechs Symbole dienen Ihnen im Buch als Wegweiser:

FAZIT

WICHTIG

BEISPIEL

ÜBUNG

IM ÜBERBLICK

CHECKLISTE

Weitere Informationen, Beispiele, Linkhinweise, Hinweise, Checklisten zu diesem Buch finden Sie auch unter:
www.marketingkooperationen-das-buch.de

1. Kennen Sie die Hochzeitsmafia?: Mehr Umsatz durch die richtigen Partner

„Einfach ein Traum!" Anja M. bewundert sich im Spiegel. Es stimmt schon – bei Brautmoden Schmidt gibt es die schönsten Kleider für den angeblich wichtigsten Tag im Leben. Wie gut, dass sie auf die Empfehlung der netten Hotelmanagerin gehört hat, die bei der Reservierung von Festsaal und Hotelzimmer beiläufig auf diese Boutique verwiesen hatte. Zu Kleid und Brautschmuck passe am besten eine Hochsteckfrisur, erklärt die modisch versierte Verkäuferin. Im Haarstudio Karin gleich um die Ecke sei man übrigens auf festliche Frisuren spezialisiert. Wenn Anja M. Interesse habe, gebe sie ihr gerne einen Coupon mit, auf den sie 20 Prozent Rabatt auf den Preis erhalte. Natürlich hat Anja M. Interesse, schon weil sie ebenso schön aussehen will wie die Bräute auf den ausgehängten Fotos. Die sind übrigens von Foto Krause, wie ein kleiner goldener Aufkleber verrät. Während ihr Traum in Weiß in Seidenpapier verpackt wird, fällt Anjas Blick auf einen Flyer neben der Kasse: Hier empfehlen sich ein Florist und ein Konditor im Doppelpack für perfekt aufeinander abgestimmte Tischdekoration und Hochzeitstorte. Der Flyer wandert ebenso in die Handtasche wie die Visitenkarte von Thomas Krause – Fotograf. Anja M. ist in die Hände der Hochzeitsmafia gefallen.

„Mein Geschäft ist, dass Sie mehr Geschäft machen" – mit diesem Ziel berate ich seit über 20 Jahren Existenzgründer, Freiberufler, kleine und mittelständische Unternehmen. Dabei geht es naturgemäß nicht um Millionenbudgets und teure Kampagnen. Es geht darum, wie Unternehmer schnell, kostengünstig und mit überschaubarem Risiko Umsatz – und natürlich auch Gewinn – steigern können. Die „Hochzeitsmafia" ist dafür ein Musterbeispiel. Florist, Hotelier, Brautmodengeschäft, Fotograf, Friseur und Konditor könnten jeder für sich Anzeigen schalten, Lockangebote konzipieren, Flyer verteilen, Sonderaktionen starten, kurz: Jeder von ihnen könnte viel Zeit und Geld investieren, um neue Kunden auf sich aufmerksam zu machen. Die Alternative: Die Unternehmer gehen clevere Kooperationen ein und gewinnen mit viel weniger Aufwand viel mehr Kunden. Das funktioniert, weil alle Mitglieder der „Hochzeitsmafia" sich an dieselbe Zielgruppe wenden, ohne sich gegenseitig Konkurrenz zu machen. Gemeinsame Werbeauftritte, gegenseitige Empfehlungen, das Verteilen von Gutscheinen sind nur einige der Möglichkeiten zu kooperieren. In diesem Buch stelle ich Ihnen die ganze Palette der Marketing-Kooperationen vor.

Kooperationen als Marketingturbo

Joint Venture Marketing

In den USA gelten Marketing-Kooperationen schon seit vielen Jahren als das Erfolgsrezept für eine Beschleunigung von Umsatz und Gewinn. Dort spricht man von „Joint Venture Marketing". Jay Abraham, Amerikas Star unter den Marketingberatern, sagt sogar: Wenn ihm jemand alle Strategien und Methoden wegnehmen könnte und er nur eine behalten dürfte, würde er ohne zu zögern sofort Joint Venture Marketing wählen.[1] Auch in Deutschland setzen Großunternehmen längst auf professionelle Allianzen – von Lufthansa und Sixt über die Frauenzeitschrift Brigitte und Tiefkühlkosthersteller Frosta bis zu Lidl und Deutsche Bahn. Ist Ihnen schon mal aufgefallen, womit und wo Sie überall Lufthansa-Meilen sammeln können? Sind Sie im Tiefkühlregal schon mal über „Brigitte Diät"-Gerichte gestolpert? Fragen Sie sich, warum die Bahn Karten beim Discounter anbietet?

Neue Kunden für wenig Geld

Das Schöne an Marketing-Kooperationen ist: Was Konzerne können, können Sie auch, gleichgültig wie groß oder klein Ihr Unternehmen ist. Denn Marketing-Kooperationen müssen nicht Riesenbudgets verschlingen. Oft kosten sie nur ein wenig Überlegung und gezieltes Handeln. Marketing-Kooperationen beginnen schon, wenn ein bekannter Trainer in seinem Newsletter das Seminar eines weniger bekannten Kollegen empfiehlt und seinen Kunden eine vergünstigte Buchungsmöglichkeit bietet. Warum er das tun sollte? Vielleicht, weil er 40 Prozent der Einnahmen erhält.

Bei einem Seminarpreis von 500 Euro und nur 50 Buchungen sind das 10.000 Euro für den bescheidenen Aufwand eines kurzen Hinweises. Noch dazu kann er seinen Kunden etwas Gutes tun und steht selbst gut da. Warum der Juniorpartner zwei Fünftel seiner Einnahmen opfern sollte? Vielleicht, weil das ein unschlagbar günstiger Preis für 20.000 Kontakte, zahlreiche Neukunden und das Renommee einer wertigen Empfehlung ist.

Marketing-Kooperationen sind Win-win in Reinkultur. Sie erfordern allerdings, dass Sie im Business anders denken – nicht länger: „Wer ist mein Konkurrent, und wie kann ich ihn schlagen?", sondern: „Mit wem kann ich mich verbünden, zu unser beider Nutzen?" Das mag zunächst ungewohnt sein, aber es lohnt sich. Und wenn Sie nur das machen, was Sie immer schon gemacht haben, werden Sie wahrscheinlich auch nur das bekommen, was Sie bisher erreicht haben. Den Spruch kennen Sie vielleicht schon. Doch welche Konsequenzen haben Sie bisher daraus gezogen?

Win-win in Reinkultur

„Was ist für Sie die größte Herausforderung im Marketing?" Das Ergebnis meiner Kurzumfrage über Twitter und Xing im Spätherbst 2009 war eindeutig: 40 Prozent der 105 Teilnehmer, darunter viele Kleinunternehmer und Freiberufler, wollen vor allem „Neue Kunden gewinnen". Dieses Interesse rangiert weit vor „Sich im Markt besser positionieren" (20 Prozent), „Preise durchsetzen" (13 Prozent) oder „Kunden überzeugen" (10 Prozent). Ich garantiere Ihnen: Nichts wird Ihnen schneller und durchschlagender neue Kunden bescheren als die richtige Marketing-Kooperation.

Übrigens: Wenn Sie tiefer in dieses Thema einsteigen, werden Sie im Web und in Printmedien auf eine Vielzahl konkurrierender Begriffe stoßen. Die Amerikaner reden von Joint Venture Marketing; hierzulande spricht man auch von Marketing-Allianzen, Kooperationsmarketing, Partnering oder Cross-Marketing. Um den Begriffswirrwarr nicht weiter zu steigern, bleibe ich beim Oberbegriff „Marketing-Kooperation". Darunter verstehe ich alle Formen der Zusammenarbeit, die Geschäftspartner eingehen, um neue Kunden zu gewinnen und vorhandene Kunden zu binden, indem sie von vorhandenen Kundenbeziehungen des jeweils anderen profitieren.

Viele Begriffe für dieselbe Sache

15 unschlagbare Vorteile
von Marketing-Kooperationen

Marketing-Kooperationen bieten Ihnen eine Vielzahl von Möglichkeiten, Ihr Geschäft voranzubringen. Hier die wichtigsten:

Von anderen profitieren

1. Sie können von vorhandenen Kundenbeziehungen Ihres Partners profitieren …
… etwa, wenn ein Partner seine Kunden auf Ihr Produkt hinweist oder es gegen Provision mitverkauft. Durch eine Kooperation profitieren Sie vom Vertrauen, das Ihr Partner genießt, von seinen Marketingerfolgen der letzten Jahre, evtl. auch von seiner Logistik.
2. Sie können Ihren Kunden Mehrwert bieten …
… etwa, indem Sie komplementäre Produkte eines Partners mit anbieten und so den Kundennutzen erhöhen.
3. Sie können Kosten für Marketing und Werbung sparen …
… beispielsweise durch gemeinsame Anzeigen oder Flyer oder durch Tauschaktionen (Ihr Partner verweist am Point of Sale auf Ihr Produkt und umgekehrt).

Neue Vertriebswege erschließen

4. Sie können neue Vertriebswege erschließen …
… zum Beispiel, indem Sie gegen eine Provision den Online-Vertrieb eines Partners nutzen.
5. Sie können bestehende Kunden durch vergünstigte Angebote binden …
… etwa durch Coupons und Gutscheine für interessante Produkte und Dienstleistungen Ihres Partners.
6. Sie können Ihr wirtschaftliches Risiko senken …
… etwa, wenn Sie Kooperationen auf Erfolgsbasis (Provision), gegen eine Aufteilung der Gewinnung oder auf Tauschbasis eingehen.

Neue Märkte erschließen

7. Sie können viel einfacher neue Kundengruppen erschließen und neue Märkte erobern …
… etwa, indem Sie mit einem Partner kooperieren, der Zugang zu dieser Zielgruppe hat. Ein Partner, der Ihr Angebot stärkt,

kann Sie dabei vor dem ruinösen Preisdruck bewahren, der heute in vielen dicht besetzten Märkten herrscht.

8. Sie können Streuverluste Ihrer Marketingmaßnahmen minimieren …

   … etwa, weil Sie mit dem richtigen Partner Ihre Zielgruppe passgenau erreichen. Und der „Zielgruppenfit" ist das entscheidende Kriterium funktionierender Kooperationen.

9. Sie können Ihre Marktpräsenz stärken …

   … und durch gezielte Marketing-Partnerschaften sogar die Nummer eins in Ihrem Marktsegment werden. Denken Sie beispielsweise an Intel im Bereich Personal Computer. Wahrscheinlich steht auch auf Ihrem PC „Intel Inside".

10. Sie können vom Image Ihres Partners profitieren …

    … beispielsweise, wenn Sie gezielt eine Verjüngung oder Aufwertung Ihrer Marke anstreben.

11. Sie können gemeinsam neue Produkte kreieren …

    … etwa, indem Sie mit einem Partner Dienstleistungspakete schnüren oder ein gemeinsames neues Produkt herausbringen. Sie werden sich wundern: Das funktioniert sogar beim Bäcker um die Ecke!

    Gemeinsam neue Produkte anbieten

12. Sie können ohne viel Aufwand Geld verdienen …

    … etwa, wenn Sie als Partner ein vielversprechendes Produkt empfehlen oder mitvertreiben.

13. Sie können mehr und mehr auf Kaltakquise verzichten …

    … und damit auf die mühsamste und teuerste Art der Neukundenakquise. Marketingexperten gehen nicht ohne Grund davon aus, dass die Gewinnung neuer Kunden im Schnitt ein Mehrfaches kostet im Vergleich zur Bindung bestehender Kunden. Haben Sie schon einmal ausgerechnet, was Sie ein neuer Interessent oder Kunde kostet?

14. Sie können Ihre Ziele schneller erreichen …

    … etwa, weil Sie nicht alles selbst machen müssen, um beispielsweise Kontakte, Vertriebswege oder Marketinginstrumente neu aufzubauen. Kurz:

15. Sie können Absatz, Umsatz und Gewinn entscheidend steigern …

    … und zwar ohne großes finanzielles Risiko!

    Kein finanzielles Risiko

Es gibt also viele Gründe, sich vom Einzelkämpfertum zu verabschieden und nach passenden Kooperationspartnern Ausschau zu halten. Zu diesem Schluss kommen stetig mehr Unternehmen: Nach einer Studie der Berliner Beratung Noshokaty, Döring & Thun hat sich „die Anzahl der neu geschlossenen Marketing-Kooperationen seit 2006 mehr als vervierfacht". Grundlage dieser Statistik ist die regelmäßige Befragung von über 200 Marketingentscheidern in Großunternehmen und im Mittelstand.[2] Auch Experten prophezeien Unternehmen, die sich mit den richtigen Partnern verbünden, die größeren Erfolge. „Wer nicht kooperiert – verliert!", behauptet beispielsweise der Trendforscher Ulrich Eggert. Und für Marketingguru Jay Abraham wird die Fähigkeit, kreativ mit anderen zu kooperieren, das Erfolgsmerkmal von Unternehmen im 21. Jahrhundert sein.[3]

Mehrwert für den Kunden

So weit, so gut. Nur: Kooperation ist nicht gleich Kooperation. Eine gute (erfolgsträchtige) Kooperation nützt Ihnen, sie nützt Ihrem Kooperationspartner, vor allem aber nützt sie Ihren Kunden. Sie bietet diesen einen deutlich erkennbaren Mehrwert, sei es in Form einer Ersparnis, sei es in Form von Neuartigkeit, mehr Komfort oder schlicht Spaß. Dabei ist die Palette möglicher Kooperationsformen schier unendlich. Kooperationen können …

- einmalig/kurzfristig oder langfristig angelegt werden;
- informell oder detailliert vertraglich fixiert sein;
- von gleichen Partnern eingegangen werden oder als „Huckepack"-Modelle, in denen einer den anderen promotet;
- als kostenlose Tauschgeschäfte abgewickelt werden oder gegen Provisionen und Gewinnbeteiligungen;
- sich auf zwei Partner beschränken oder mehrere Partner umfassen (siehe die „Hochzeitsmafia");
- als lose oder intensive Zusammenarbeit organisiert sein.

Kooperationen beginnen beim gegenseitigen Auslegen eines Flyers und enden bei einer gemeinsamen Produktentwicklung. Das hat den Vorteil, dass Sie die Zusammenarbeit mit einem Partner erst einmal im kleinen Rahmen antesten können, bevor Sie eine anspruchsvollere Kooperation auf den Weg bringen.

Im zweiten Kapitel stelle ich Ihnen eine Vielzahl von Kooperationsformen anhand von Beispielen vor. Ich wette mit Ihnen: Schon beim Lesen werden Ihnen zahlreiche „Koops" durch den Kopf schießen, die Sie selbst anbahnen könnten. Notieren Sie diese Spontanideen unbedingt! Im dritten Kapitel (*Work smarter, not harder!*) werden Sie Ihre Ideen auf den Prüfstand stellen. Es führt Sie Schritt für Schritt mit Fragebögen und Checklisten zu Kooperationen, die optimal zu Ihnen passen. Im vierten Kapitel (*Just do it!*) erfahren Sie alles Wissenswerte zur Umsetzung von Kooperationen. Kapitel fünf schließlich unterstützt Sie dabei, Ihr Business mit Kooperationen konsequent weiter auszubauen.

Durch Beispiele anregen lassen

2. Win-win in Reinkultur: Kooperationsformen für kleine und mittlere Unternehmen

Gewinner-Bündnisse eingehen

„Win-win" wird im Business gerne versprochen. In der Praxis sind Konstellationen, in denen es ausschließlich Gewinner gibt, eher selten. Marketing-Kooperationen aber sind echte Gewinner-Bündnisse. Ein Beispiel aus dem Kulturbereich: Nach der Bundestagswahl 2009 nutzte das Frankfurter Schauspielhaus die über Nacht obsoleten Wahlkampfplakate für eine Werbeaktion. Der Intendant Oliver Reese höchstselbst und ein Schauspieler zogen mit Leimtopf und Pinsel los und überklebten die Politiker-Konterfeis in der Frankfurter Innenstadt mit Porträts des neuen Ensembles. Die Aktion war natürlich mit den Parteien abgestimmt. Alle (bis auf eine) waren einverstanden. Ergebnis: Die Parteien konnten sich als Kulturförderer profilieren, das Schauspiel bekam kostenlose Werbeflächen und viel Aufmerksamkeit in der lokalen Presse – und die Wähler waren über Nacht von den Politiker-Parolen erlöst.

Darauf muss man erst einmal kommen!? Zweifellos, Kreativität schadet gerade im Marketing nichts. Andererseits: Sie brauchen das Rad gar nicht neu zu erfinden. Wer für das Thema sensibilisiert ist, stolpert im Alltag auf Schritt und Tritt über Kooperationsbeispiele. Vieles, was sich in anderen Branchen bewährt, können Sie für sich anpassen. In diesem Kapitel werden Sie viele Beispiele kennenlernen. Lassen Sie sich einfach auf Ideen bringen!

Darf ich vorstellen?: Einführung beim Kunden (Host/Beneficiary)

Bis zu 3.000 Werbebotschaften soll ein Kunde in den Industrienationen heute ausgesetzt sein – und zwar täglich! Wenn Sie alle Werbespots und Werbeaufdrucke, Plakatwände, Litfasssäulen, Anzeigen und Prospekte addieren, scheint das gar nicht mehr so unglaublich. Kein Wunder, dass Kunden abstumpfen. Gleichzeitig gibt es in vielen Marktsegmenten ein Überangebot vergleichbarer Produkte und Dienstleistungen. Die Folge: Neue Kunden zu überzeugen wird immer schwieriger. Ob Seife oder Senf, Fitnessstudio oder Führungstraining, der Kunde hat überall die Qual der Wahl. Anders sieht es aus, wenn er die Empfehlung eines Unternehmens erhält, mit dem er bereits vertrauensvoll zusammenarbeitet.

Über Empfehlung zum Kunden

Auf dieser Grundidee basieren „Host-Beneficiary"-Kooperationen; wörtlich übersetzt: Die Zusammenarbeit eines „Wirtes" mit einem „Nutznießer". Einige Beispiele:

- Eine kleine Videoproduktionsgesellschaft kooperiert mit einem Trainerverband und bietet den Verbandsmitgliedern die Erstellung eines Präsentationsvideos zum Vorzugspreis an. Auf der Homepage des Verbandes kann sich das Unternehmen mit einer eigenen Unterseite präsentieren. Gebucht wird direkt auf der Website. Vorteil für den Verband, der hier als „Host" fungiert: ein zusätzlicher Mitgliederservice, denn für die Mitglieder gehört solch ein Video mehr und mehr zum Standard; darüber hinaus vermutlich eine Provision. Vorteil für die Videoproduktion (den „Beneficiary"): Das Unternehmen erreicht ohne Streuverluste eine potenzielle Zielgruppe und profitiert von der Glaubwürdigkeit und vom Renommee des Berufsverbandes.
- Ein freier Architekt, der sich auf die Renovierung von Altbauten spezialisiert hat, baut gezielt Kooperationen mit Immobilienmaklern auf, die in seinem Einzugsgebiet tätig sind. Beim Verkauf sanierungsbedürftiger Altbauten empfehlen die Makler ernsthaften Interessenten automatisch per Mail ein unver-

bindliches Erstgespräch mit dem Architekten. Grundlage ist auch hier eine Provisionsvereinbarung. Da der Architekt erst zahlt, wenn er einen Kundenauftrag hat, geht er kein wirtschaftliches Risiko ein. Zusätzlicher Vorteil für die Makler: Das Gespräch mit einem Fachmann vom Bau befördert die Kaufentscheidung vieler Interessenten.

■ Ein Trainer, der sich auf Leistungskraft und gesundheitliche Prävention spezialisiert hat und als Redner (Keynote-Speaker) bekannter werden will, bietet prominenten Kollegen eine „Vitalpartnerschaft" an: Er steht ihnen kostenlos bei einigen Tagesveranstaltungen zur Verfügung und bringt die Teilnehmer nach der Mittagspause mit einigen Übungen und einem unterhaltsamen Minivortrag wieder in Schwung. Dafür promoten die bekannteren Speaker sein Angebot in ihren Newslettern und empfehlen ihren Kunden den Trainer ausdrücklich als Experten für Gesundheit und Fitness.

Sich an einen starken Partner anschließen

Für Marketingguru Jay Abraham bieten derartige Host-Beneficiary-Beziehungen die einmalige Chance, „die Millionen-Dollar-Investition, das bestehende Wohlwollen und die starken Verbindungen anzuzapfen, die andere Unternehmen mit ihren Kunden entwickelt und aufgebaut haben".[1] Das gilt zumindest dann, wenn Sie sich mit einem starken Partner zusammentun, der bei seinen Kunden einen exzellenten Ruf genießt und der Ihr Produkt, Ihre Dienstleistung über seine etablierten Marketinginstrumente einer großen Zahl potenzieller Käufer empfiehlt. Dann kann eine solche „Huckepack-Beziehung" Ihrem Business über Nacht einen enormen Schub geben. Ein Beispiel für einen solchen starken Partner ist das Online-Kaufhaus Amazon, das seinen Büchersendungen regelmäßig Werbematerial und Gutscheine von Marketingpartnern beilegt. Der Gewinn des Gastgebers in einer solchen Kooperation besteht in einem Zusatzangebot für seine Kunden (evtl. auch in einem vergünstigten Angebot der Partnerleistung exklusiv für seine Kunden), daneben natürlich in finanziellen Vorteilen wie Provisionen oder Gewinnbeteiligungen. Wenn es um eine Leistung geht, bei der auf den Erstauftrag mit hoher Wahrscheinlichkeit Folgeaufträge eingehen, kann es sich sogar lohnen, dem Partner den Gewinn aus dem Erstgeschäft vollständig zu überlassen!

Im obigen Szenario wird ein kleiner Partner von einem großen empfohlen. Aber nicht nur Größe und Prominenz können attraktive Empfehlungskooperationen begründen. Marketingexperte Hermann Scherer lenkt die Aufmerksamkeit auf Kooperationen unter Gleichen, auf „Komplementärpartnerschaften", in denen ein Unternehmer die Leistung des anderen empfiehlt – und umgekehrt. Auf diese Weise kann ein Bäcker die Wurstwaren des Metzgers um die Ecke bewerben („Leckere Wurst zu unseren Brötchen") und der Metzger wiederum die Backwaren seines Partners („Knusprige Brötchen zu unserer Wurst"). Beide könnten zum Beispiel einen Werbebrief mit einem Einkaufsgutschein des Partners versenden,[2] denkbar wären natürlich auch Aktionen wie gegenseitige Produktpräsentationen oder Verkaufskooperationen (der Bäcker bietet belegte Brötchen mit der Metzgerwurst an; der Metzger bezieht Brötchen vom Bäcker). Scherer selbst praktiziert Host-Beneficiary-Marketing, wenn er beispielsweise die „Personal-Toolbox" eines erfolgreichen Kollegen in einem Mailing an seine Newsletter-Abonnenten ausdrücklich empfiehlt, diesen als „Gewinner höchster wirtschaftlicher Auszeichnungen" vorstellt und den Nutzen der Box unterstreicht.

Kooperation unter Gleichen

Das Internet erleichtert die Umsetzung solcher Host-Beneficiary-Beziehungen enorm. Eine ebenso simple wie zündende Idee verdanke ich Chris Rempel, Marketing-Jungstar aus den USA und Betreiber einer Website unter dem vielsagenden Titel www.thelazymarketer.com („Der Marketingfaulpelz"): Warum nicht die Bestätigungsmails bei Online-Bestellungen systematisch für Marketingzwecke nutzen?[3] Der Kunde liest dann eben nicht nur „Danke für Ihre Bestellung bei der ABC GmbH! Ihr XY-Produkt wird in den nächsten Tagen geliefert.", sondern zusätzlich vielleicht: „Für die Pflege von XY empfehlen wir Ihnen Z von der Sowieso AG. Bestellen Sie gleich *hier*." Oder: „Interessieren Sie sich für schöne Accessoires zu XY? Angebote finden Sie *hier*."

Entscheidend für Ihren Marketingerfolg ist dabei in jedem Fall eine starke Überschneidung der Zielgruppen: Wer bei Ihrem „Host" kauft, sollte sich mit hoher Wahrscheinlichkeit auch für Ihr Produkt interessieren. Das setzt natürlich voraus, dass Sie sich

Eine gemeinsame Zielgruppe

über Ihre Zielgruppe ebenso im Klaren sind wie über die Ihres Partners. Wer „besitzt" Ihre Zielgruppe? Das ist eine der Kernfragen, wenn es um erfolgreiche Marketing-Kooperationen geht.

Im Überblick:

Kooperations-form:	Einführung beim Kunden (Host/Beneficiary) (Kooperation mit einem „Gastgeber")
Erläuterung:	Der Gastgeber („Host") verweist lobend auf ein Produkt oder eine Dienstleistung des Gastes (Nutznießer oder „Beneficiary") – daher ist manchmal auch die Rede von „Cross-Referencing". Ergänzt wird dies evtl. durch eine Bestellmöglichkeit für das Gastprodukt beim Host.
Beispiele:	1. Trainerstar weist auf Angebot eines weniger bekannten Trainers hin und promotet dessen Seminare in seinem Newsletter. 2. Immobilienmakler verweist Kaufinteressenten von Altbauten routinemäßig per Brief an einen Spezialisten für Altbausanierung.
Geschäfts-modell:	Der Gastgeber erhält eine Provision oder Gewinnbeteiligung auf Zusatzverkäufe des Gastes. Denkbar sind auch Tauschgeschäfte gleichberechtigter Partner (Komplementärpartnerschaften).
Instrumente:	Newsletter-Empfehlungen, Mailings und Werbebriefe, Beilagen beim Versand oder Verkauf, Gutscheine.
Schlüssel-fragen:	▪ Wer „besitzt" Ihre Zielgruppe? ▪ Wer genießt hohes Ansehen in Ihrer Zielgruppe? ▪ Wer könnte für eine Komplementärpartnerschaft mit Ihnen infrage kommen?

Kostenloser Mehrwert:
Geschenke, Gutscheine (Couponing)

Werbung umsonst bekommen

„Marketing? Kann ich mir nicht leisten!" Das höre ich von Freiberuflern und Inhabern kleiner Unternehmen ziemlich oft. Für manchen scheint Marketing automatisch die große Kampagne zu bedeuten, mit teuren Werbespots, Kinoreklame oder mindestens Riesenanzeigen in der Presse. Das Bestechende an Marketing-Kooperationen ist, dass sie auch mit kleinem und kleinsten Budget zu realisieren sind. Eine regelmäßige Anzeige im Stadtmagazin können oder wollen Sie sich nicht leisten? Vielleicht bekommen Sie die Werbung dort ja ganz umsonst! Die Idee: Bieten Sie den Lesern des Magazins exklusiv ein stark verbilligtes Schnupperangebot. Das „Journal Frankfurt" beispielsweise lockt seine Leser regelmäßig mit thematisch gebündelten Coupons als Beihefter zum Umschlag; zur Jahreswende 2009/10 etwa hieß es: „18 Wellness-Gutscheine. Mit 2 for 1, 50 Prozent Rabatt & Gratisangeboten". Diese Angebote sind oft jahreszeitlich gebunden und werden im redaktionellen Teil durch Artikel begleitet. Die Win-win-Beziehung hier lautet: zusätzlicher Kaufanreiz für die Leser, Neukunden für die Couponpartner durch ein günstiges Kennenlernangebot. Die Couponpartner investieren die Selbstkosten der Behandlungen (Sauna, Kosmetik, Massage, kostenlose persönliche Yogastunde usw.). Auch ein zusätzlicher Obolus an die Zeitschrift würde sich rechnen, wenn durch diese Angebote ein gewisser Prozentsatz an Stammkunden gewonnen wird.

Kundenertragswert berücksichtigen

Dabei spielt der Kundenertragswert (customer lifetime value) eine zentrale Rolle: Für Kunden, die nur die Couponvergünstigung mitnehmen und danach nie wieder kaufen, lohnt sich die Gutscheinaktion kaum. Weiß der Unternehmer jedoch, dass etwa 20 Prozent seiner Neukunden zu Stammkunden werden, ihm im Schnitt zwei Jahre treu bleiben, in dieser Zeit alle sechs Wochen seine Dienstleistung (etwa eine Massage) in Anspruch nehmen und dabei insgesamt 800 Euro ausgeben, zahlt sich das Modell aus. Eine stark vereinfachte Beispielrechnung:

Coupon-Aktion: Massage für 40,– € zum halben Preis

= 100 eingelöste Coupons im Wert von 20,– €

             2.000,– € investiert
          + 2.000,– € zusätzl. Umsatz

20 Stammkunden gewonnen:
= 20 × 800,– € in den nächsten 2 Jahren

          16.000,– € zusätzl. Umsatz

Mittel- bis langfristig planen Marketingmaßnahmen sollten also nicht kurzfristig, sondern vor dem Hintergrund mittel- bis langfristiger Umsatzerwartungen beurteilt werden. Sie kennen den Kundenertragswert verschiedener Kundengruppen nicht? Dann wird es Zeit, Ihr Controlling zu professionalisieren! Eine statistische Übersicht „Wer kauft was wie oft bei mir?" ist ein zentrales Planungsinstrument. Nur dann können Sie entscheiden, welches Modell sich für Sie rechnet. Etwa

- ein Gratis-Kennenlernangebot (zum Beispiel Probetraining, zeitlich begrenzte kostenlose Mitgliedschaft),
- ein Rabatt auf den üblichen Preis (20, 30, 50 Prozent),
- ein Gutschein im Wert von x Euro, der auf einen Kauf angerechnet wird (zum Beispiel 100 Euro Rabatt auf den ersten Auftrag),
- ein „Two-for-one"-Angebot (2 für 1); geeignet bei Angeboten, die man gerne als Paar wahrnimmt, beispielsweise Restaurantgutscheine, Wellness-Bad,
- ein attraktives Geschenk für jeden Neukunden (zum Beispiel: Wer einen Vertrag abschließt, bekommt einen iPod dazu).

 Coupons und Gutscheine sind längst ein beliebtes Mittel der Kundenbindung für die verteilenden Partner und der Neukundengewinnung für die Coupon-Ersteller. Besonders originelle Aktionen sorgen dabei für zusätzliche Aufmerksamkeit und Gesprächsstoff bei den Kunden. So bot etwa die Bild-Zeitung mit dem Discounter Lidl zur Fußball-Europameisterschaft 2006 ein „Lidl-EM-Paket exklusiv in BILD": 6 Grillwürstchen und 6 Flaschen Bier für 1 Euro (zuzüglich 1,50 Euro Flaschenpfand). Die Aktion wurde im Massenblatt vorangekündigt, Lidl lockte Kunden in seine Filialen, die in ihrer Mehrzahl sicher nicht nur einen Euro dort ließen, Bild

konnte sich selbst in Großbuchstaben als Wohltäter der Leser vermarkten und brachte dieses Eigenmarketing zum Verdruss des Presserates auch noch im redaktionellen Teil der Zeitung unter.

Exklusivität und zeitliche Begrenzung erhöhen den Reiz solcher Angebote für die Kunden. Ein anderes Beispiel für eine Aufsehen erregende Kooperation ist eine Aktion des Frankfurter Städel Museums mit Frankfurter Douglas- und Alnatura-Filialen anlässlich der Botticelli-Ausstellung 2010. Die Parfümeriekette und der Biosupermarkt hängten großformatige Plakate der Botticelli-Schönheiten mit themenbezogenen Slogans auf („Botticelli Hair", „Botticelli Fragrance") und animierten so zum Museumsbesuch – eine thematisch gelungene Koop, die der Frankfurter Rundschau einen halbseitigen Artikel wert war („Botticellis Bodylotion"). So war der Renaissance-Maler zwei Monate nach Ausstellungseröffnung plötzlich wieder ein Pressethema. In der Rundschau konnte man auch die finanziellen Konditionen des Deals nachlesen: Weder bezahle das Städel seinen Werbepartnern etwas, noch diese dem Städel. Douglas-Kartenkunden erhielten an der Museumskasse zwei Eintrittskarten zum Preis von einer, die zweite bezahle das Museum. Douglas informierte seine Kunden in einem Mailing. Hier musste nicht einmal ein Coupon gedruckt werden, weil die Mitgliedskarte als solcher fungierte!

Weitere Beispiele für Coupon-Aktionen:

- Ein Autohaus (Nobelmarke) belohnt bisherige Kunden, die ein neues Modell Probe fahren, mit einem „2 for 1"-Menügutschein für ein französisches Restaurant.
- Eine Kosmetikerin kooperiert mit einem Fitnessstudio in Fußweite und legt dort Coupons aus, die 20 Prozent Rabatt auf eine Gesichtbehandlung gewähren, und zwar „exklusiv für Studiomitglieder".
- Ein Pizzaservice tauscht Gutscheine mit einem Sonnenstudio: In einer gemeinsamen Winteraktion bekommen Kunden des Solariums, die eine Fünfer-Karte erwerben, eine Pizza umsonst. Im Gegenzug bietet die Pizzeria ein vergünstigtes

Pizza-Abo, das zusätzlich mit einem kostenlosen Solarium-Besuch belohnt wird.

- Ein Karriereberatungsunternehmen kooperiert mit einem Buchverlag. Wer ein Buch der Berater zum Thema „Arbeitszeugnis" kauft, findet darin einen Gutschein über 30 Prozent Rabatt auf eine Arbeitszeugnisberatung. Der Käufer eines Bewerbungsbuches wird mit einem Rabattgutschein auf eine Bewerbungsberatung belohnt; bei den Themen „Assessment Center", „Vorstellungsgespräch" oder „Gekonnt präsentieren" entsprechend.

- Eine Weinhandlung belohnt in der Vorweihnachtszeit Kunden bei einem Einkauf von über 100 Euro mit einem Gutschein über ein Weinthermometer. Der Gutschein kann beim Einzelhändler gegenüber eingelöst werden, der Geschirr, Geschenkartikel und Haushaltswaren führt. Umgekehrt erhalten Kunden, die dort für mehr als 100 Euro einkaufen, einen Gutschein über eine Flasche Rot- oder Weißwein.

- Wer online Druckerpatronen bestellt, findet in seinem Päckchen einen Gutschein im Wert von 10 Euro vor, der bei einer Online-Bestellung von Kontaktlinsen und Pflegemitteln eingelöst werden kann (über einen einzugebenden Gutschein-Code).

Zielgruppe unterschiedlich definiert

Wie Sie an diesen Beispielen ablesen können, spielt auch bei Gutscheinaktionen die Passung der Zielgruppen eine entscheidende Rolle. Diese kann über Kaufgewohnheiten (Online-Kauf), über räumliche Nähe (Einzelhandel), über Kaufkraft (Nobelwagen/Restaurant), Wertesystem (Fitness/Kosmetik) oder Lebenssituation (Arbeitsplatzwechsel) definiert sein. Exklusivität und zeitliche Begrenzungen können den Reiz eines solchen Angebots erhöhen.

Im Überblick:

Kooperations-form:	Geschenke, Gutscheine (Couponing) (Kooperation mit einem Partner, der Gutscheine verteilt)
Erläuterung:	Partner A verteilt Coupons an seine Kunden, mit denen das Angebot von Partner B verbilligt oder gratis zu beziehen ist. Alternativ kann eine Mitgliedskarte bei Partner A den Coupon ersetzen.
Beispiele:	1. Autohaus lockt mit Restaurantgutscheinen betuchte Stammkunden zur Probefahrt. 2. Parfümerie kooperiert mit Museum: Wer eine Kundenkarte besitzt, bekommt für eine bestimmte Ausstellung zwei Eintrittskarten zum Preis von einer.
Geschäftsmodell:	Partner bindet seine eigene Zielgruppe durch Vorzugskonditionen; erhält evtl. Provision auf Zusatzverkäufe. Denkbar sind auch Tauschgeschäfte gleichberechtigter Partner (Komplementärpartner-schaften).
Instrumente:	Gutscheine und Coupons, Mitgliedskarten.
Schlüsselfragen:	■ Wo hält sich Ihre Zielgruppe regelmäßig auf? ■ Welche verwandten Angebote nutzt Ihre Ziel-gruppe? ■ Zu welchem Partner passt Ihr Angebot? ■ Könnten Sie eine originelle Coupon-Aktion durchführen, die Ihnen zusätzlich Presseaufmerk-samkeit verschafft?

Gutes tun: Sponsoring

Sponsoring gibt
es überall

Wie könnte eine Kinderboutique nach Neueröffnung möglichst rasch auf sich aufmerksam machen? Zum Beispiel durch kostenlose T-Shirts für die lokale Kinderfußballmannschaft und den Kinderchor der Grundschule um die Ecke, auf denen auch der Name des neuen Geschäftes abgedruckt ist. Sponsoring ist längst fester Bestandteil im öffentlichen Leben: Man besucht die Commerzbank-Arena, schaut sich im Fernsehen das Gerry-Weber-Open-Tennisturnier an, hat sich daran gewöhnt, dass Skispringer Martin Schmitt mit lila Milka-Helm abhebt, und wird beim Museumsbesuch von einer Tafel empfangen, die diversen Sponsoren dankt. Bei Sport, Kunst und Kultur, aber auch im Sozial- und Umweltbereich ist Sponsoring verbreitet, etwa wenn Brillenhersteller Fielmann das Projekt „Wald in Not" öffentlichkeitswirksam unterstützt oder der Panda-Bär des WWF auf Produkten prangt, deren Verkauf mit einer Spende an die Umweltschutzorganisation verbunden ist.

Beide Seiten
profitieren

Vom Sponsoring erhofft sich der Sponsor einen positiven Marketingeffekt, der von der Zielgruppe nicht als bloße Werbung wahrgenommen wird, sondern zusätzlich Sympathiepunkte bringt. Der Gesponserte profitiert im Gegenzug von Sach-, Geld- oder Dienstleistungen des Sponsors. Großunternehmen machen von dieser Möglichkeit im großen Stil Gebrauch; kleinere Unternehmen oder Freiberufler übersehen dieses Instrument häufig. Zwei Beispiele:

- Ein mittelständischer Regalbauer (Paschen) stattet die Leselounge der Buchhändlerschule in Seckbach mit Regalen aus. Das westfälische Familienunternehmen ist auf den Bau von Bibliotheken spezialisiert und vermarktet sich gezielt als Bücherliebhaber. Die großzügige Spende ist der Branchenzeitung Börsenblatt einen hymnischen Artikel wert[4] und zukünftige Buchhändler entspannen sich ab sofort in einer „Paschen Lounge", sodass der Spender dauerhaft im Gedächtnis bleibt.
- Ein neues Internet-Portal, das mittelständische Unternehmen Dienstleistungen im Bereich Online-Marketing von der Such-

maschinen- und Websiteoptimierung bis zum Themenportal anbietet (www.mittelstandswissen.de), sponsert die Weihnachtsgeschenke einer Marketingberaterin: Ihre Kunden erhalten eine Jahresmitgliedschaft im Wert von 99 Euro geschenkt.

■ Der italienische Pasta-Hersteller De Cecco sponsert die Redaktion der wirtschaftlich angeschlagenen Musikzeitschrift Spex mit einer Tonne Nudeln und wird dafür ein Jahr lang im Impressum der Zeitschrift erwähnt. Diese witzige Sponsoring-Aktion ist sicher eher ein PR-Gag – und einer, der funktioniert hat. Die Nudellieferung schaffte es im August 2009 bis in das Nachrichtenmagazin Der Spiegel. Überschrift: „Der Pasta-Pakt".[5]

Wirksames Sponsoring ist auch mit überschaubarem Budget möglich, wenn Sie Ihre Zielgruppe mit einer Aktion passgenau erreichen – wie eben Buchhändler und Bücherliebhaber über die Leselounge oder Eltern über die Hobbys ihrer Kinder. Da Sponsoring neben Geld auch Sach- oder Dienstleistungen umfasst, können Sie Ihr wirtschaftliches Risiko minimieren. Und da Wohltätigkeit ein dankbares Pressethema ist, können Sie einen zusätzlichen PR-Effekt erzielen. Natürlich nur, sofern Sie nicht vergessen, die Lokalpresse rechtzeitig auf die feierliche Übergabe von Scheck oder Sachleistung aufmerksam zu machen! Sponsoring basiert auf dem uralten Marketing-Motto „Tue Gutes und rede darüber!". Dabei verpflichten die meisten Sponsoring-Vereinbarungen den Gesponserten zu entsprechenden Hinweisen (Trikotaufdrucke, Namensgebung, Nennung des Sponsors auf Plakaten oder Website usw.) und berechtigen den Sponsor, seine Aktion werblich zu nutzen.

Zusätzlichen PR-Effekt erzielen

Gegenüber Geldspenden haben Sach- oder Dienstleistungen den Vorteil, dass Sie Ihr eigenes Produkt oder Ihren eigenen Service direkt erlebbar machen und auch über diesen Test-Effekt neue Kunden gewinnen können. Es kann sich daher auch für Freiberufler auszahlen, wenn sie ihr Know-how in einem passenden Rahmen unentgeltlich zur Verfügung stellen. Weitere Ideen für Sponsoring siehe nächste Seite.

Ideen für Sponsoring

- Ein Gartenbaubetrieb sponsert den Schulgarten und vermarktet die Übergabe der Pflanzen und die Anleitung der Schüler über die Lokalpresse;
- ein freier Werbetexter liefert die Texte für die Homepage eines exklusiven Businessclubs, was ihm außer einem Link auf der Seite dort auch ein Dankeschön an prominenter Stelle einbringt;
- ein Sportbekleidungshersteller sponsert die Trainer einer Fitnesskette mit T-Shirts und lenkt so die Aufmerksamkeit auf seine neue Produktlinie;
- ein mittelständischer Anbieter von Tests zur Berufsfindung bietet im Rahmen von Karrieretagen kostenlose Bewerbungsvorträge in Universitäten an;
- ein Cateringservice sponsert das Buffet des Sommerfestes eines Golfclubs.

Im Überblick:

Kooperations- form:	Sponsoring (Unterstützung einer Institution oder Firma)
Erläuterung:	Partner A unterstützt Partner B unentgeltlich mit Sach- oder Dienstleistungen oder durch eine Spende und profitiert im Gegenzug vom Marketingeffekt, als Unterstützer offiziell genannt zu werden.
Beispiele:	1. Ein Regalbauer sponsert die Ausstattung der Leselounge auf dem Campus der Buchhändlerschule in Frankfurt Seckbach. 2. Ein Unternehmen, das Berufsfindungstests durchführt, bietet in Universitäten auf Karrieretagen kostenlose Vorträge zum Thema Bewerbung an.
Geschäftsmodell:	Gezieltes „Geschenk" für offiziellen Dank des Gesponserten.
Instrumente:	Sachleistungen, Dienstleitungen, Geld.

Kooperations-form:	Sponsoring (Unterstützung einer Institution oder Firma)
Schlüsselfragen:	▪ Wen könnten Sie sponsern, um positiv ins Blickfeld Ihrer Zielgruppe zu rücken? ▪ Welche Art von Sponsoring böte Ihnen die Möglichkeit, Ihr Produkt oder Ihre Dienstleistung einer interessanten Gruppe potenzieller Kunden vorzustellen? ▪ Welcher Gesponserte verfügt über ein Image, mit dem Sie gerne identifiziert werden möchten?

Geteilte Kosten: Kooperationswerbung (Cross-Advertising)

Mit Werbung in Form von Anzeigen oder Spots in Fernsehen und Hörfunk versuchen Unternehmen traditionell Aufmerksamkeit für ihr Produkt zu erregen. Doch Werbung ist kostspielig und in der täglichen Werbeflut nur noch begrenzt wirksam. Marketingexperten gehen davon aus, dass eine Anzeige etliche Male für den Kunden wahrnehmbar sein muss, bevor sie überhaupt bewusst registriert wird. Deswegen setzen Großunternehmen auf dauerhafte Kampagnen. Eintagsfliegen bringen also nichts, aber Dauerkampagnen oder auffällige Großanzeigen übersteigen die Möglichkeiten vieler Selbstständiger oder kleiner Unternehmen erst recht. Ein Ausweg aus diesem Dilemma: Werben Sie gemeinsam mit anderen Unternehmen! Dadurch werden größere Anzeigen oder wiederholte Platzierungen finanzierbar.

Werbung finanzierbar machen

Diese Form der Werbekooperation wird von Marketingprofis auch unter Stichworten wie „Verbundwerbung" oder „Sammelwerbung" diskutiert. Unter Verbundwerbung wird dabei die Bewerbung komplementärer Produkte verstanden. So könnten sich zum Beispiel eine Porzellanmanufaktur, ein Besteckhersteller und ein Unternehmen, das Tischwäsche herstellt, unter dem Motto „Der schön gedeckte Tisch" zusammentun: Ihre Produkte machen sich keine Konkurrenz, sondern ergänzen einander. Doch Kooperationswerbung kann selbst dann funktionieren, wenn sich unmittelbar konkurrierende Unternehmen verbünden: So taten sich 18 Hotels aus der Sportregion Zell am See zusammen und finanzierten gemeinsam eine Kampagne unter der Überschrift „Winterauftakt Zell am See/Kaprun". Platziert wurde die Großanzeige auf Internet-Plattformen zum Thema Ski und in Printmedien. Ergebnis waren nach Auskunft der beauftragten Agentur mehr als 7.000 Urlaubsanfragen, pro Hotel zwischen 160 und 650. Es ist fraglich, ob eine kleinere Einzelanzeige zum selben Preis ein solches Resultat erzielt hätte. Andere Mottos, mit denen Tourismusanbieter gemeinsam warben: „Tiroler Bergsommer" oder „Frühling in Südtirol".[6]

Viele Tageszeitungen haben die Vorzüge solcher Werbekooperationen längst erkannt und bieten ihren Anzeigenkunden Inserate auf Schwerpunktseiten zu Themen wie „Auto", „Handwerk", „Gesundheit" oder „Bildung" an. Die Grundidee der Anzeigenverkäufer in den Zeitungsredaktionen: mehr Aufmerksamkeit der Leser für die Einzelanzeige in einem entsprechenden Umfeld. Was die Anzeigenverkäufer können, können Sie auch! Suchen Sie sich geeignete Partner und platzieren Sie eine größere Anzeige. Beispiele:

- Ein Zahntechnikmeister (Dental Designer), der sich vorwiegend an zahlungskräftige Privatpatienten wendet, finanziert gemeinsam mit ortsansässigen Zahnärzten eine Anzeige in einem exklusiven Lifestyle-Magazin. Jede Praxis hebt dabei ihre zahnmedizinischen Schwerpunkte und die „Behandlungssprachen" hervor, die eine internationale Klientel erwarten darf.
- Junge Designer, Kunsthändler, Cafés und Feinkostläden laden auf einer ganzseitigen Anzeige in der Regionalpresse gemeinsam zum „Flanieren und Shoppen in der Brückenstraße" ein und machen damit auf ein neues urbanes Zentrum aufmerksam.
- Unter der Headline „The Story of Berlin" wirbt eine Erlebnisausstellung in der Hauptstadt um Besucher. In das großformatige Ausstellungsfoto ist ein Button des AO Hostels eingeklinkt, das mit einem „Special Price" ebenfalls um junge Gäste wirbt.

- Verschiedene Restaurants, Bars und Kneipen rund um ein Großkino tun sich zusammen und produzieren gemeinsam mit dem Kinobetreiber einen Flyer unter der Headline „Kino ist super! Und was machen wir hinterher?" Jeder Kinobesucher bekommt mit der Kinokarte den Prospekt mit den Kurzporträts der Lokale in die Hand gedrückt. Ein Link auf der Kino-Homepage bietet den gleichen Service.

Noch wirksamer wird eine solche Werbekooperation, wenn Sie aus der Verbindung mit Partnern humorvoll Kapital schlagen. Tobias Meyer und Michael Schade zitieren in diesem Zusammenhang einen Spot der Warsteiner Brauerei und Zewa, in dem ein überschwappendes Bierglas von innen an den Fernsehschirm zu stoßen scheint. Mit einem Zewa-Tuch wird das Malheur anschließend wieder beseitigt.[7] Denken Sie daher auch an ungewöhnliche Kombinationen: Wenn ein Designer-Outlet und ein Schuhgeschäft gemeinsam großformatig annoncieren, ist das wenig überraschend. Wenn ein Schuhgeschäft die Neueröffnung mit „Männer, ihr müsst jetzt tapfer sein!" bewirbt und sich mit dem Autohändler um die Ecke zusammentut („Männer, nutzt die Zeit, um den neuen XYZ-Typ Probe zu fahren!"), bleibt das hängen. Für solche Aktionen sind Sie allerdings auf einen Partner angewiesen, der auf Ihrer Wellenlänge liegt und mit dem Sie sich auf eine gemeinsame Werbebotschaft einigen können.

Humor schafft Wirkung

Und wenn Ihnen all das für den Anfang zu teuer ist, fangen Sie eben kleiner an:

- Suchen Sie sich einen passenden Werbepartner, der Ihr Angebot per Plakat in seinem Laden bewirbt, während Sie das Gleiche für seine Produkte tun.
- Bewerben Sie sich auf Quittungen und Kassenzettel gegenseitig oder legen Sie Ihren Einkaufstüten nicht (nur) den eigenen Flyer bei, sondern (auch) den Ihres Werbepartners.
- Überlegen Sie, ob die Produktion hochwertiger Tragetaschen zu Ihrem Produkt passt: Günstiger wird es mit einem Partner, der sein Produkt auf der einen Seite der Tüte bewerben kann, während Sie die andere nutzen.[8]

- Kooperieren Sie bei der Schaufensterdekoration, wenn Ihre Produkte das möglich machen, und verraten Sie Ihren Kunden auf einem kleinen Schild, woher die imposante Pflanze, das großformatige Foto oder Prosecco und Gläser stammen.
- Prüfen Sie, ob Sie Ihr Einwickelpapier kreativer nutzen können als bisher und dort auch auf Kooperationspartner hinweisen können.
- Finden Sie heraus, ob ein möglicher Werbepartner einen Katalog herausgibt, in dem er eine Seite für Ihre Produkte reservieren kann. Revanchieren Sie sich mit einer Seite im eigenen Katalog oder einer anderen Marketingunterstützung.

Auf diese Weise können Sie die Zusammenarbeit mit einem Partner erst einmal testen, bevor Sie weiter gehende Aktionen planen. Und: Gewöhnen Sie sich an, Ihre Kunden regelmäßig zu fragen: „Wie sind Sie auf uns aufmerksam geworden?" Eine entsprechende Kurzabfrage können Sie beispielsweise auch in Ihr Internet-Bestellsystem integrieren, wenn Sie eines haben. Nur so gewinnen Sie mittelfristig eine Einschätzung, was wirklich wirkt!

Im Überblick:

Kooperations- form:	Kooperationswerbung (Cross-Advertising) (Kooperation mit einem Werbepartner)
Erläuterung:	Partner A und Partner B kooperieren zur gemeinsamen Finanzierung von Werbeaktivitäten wie Anzeigen, Flyern, Mailings oder Werbespots.
Beispiele:	1. Mehrere Einzelhändler mit komplementären Produkten inserieren unter einem verbindenden Motto („Der schön gedeckte Tisch"). 2. Konkurrierende Anbieter sorgen durch einen größeren gemeinsamen Auftritt für Aufmerksamkeit („Winterauftakt Zell am See"). 3. Überraschende Werbekooperationen punkten mit Humor (Beispiel: Schuhgeschäft und Autohändler).
Geschäftsmodell:	Reduzierung der Werbekosten durch Aufteilung.

Kooperations-form:	Kooperationswerbung (Cross-Advertising) (Kooperation mit einem Werbepartner)
Instrumente:	Die ganze Palette der Werbemittel (Print, Online, andere Medien).
Schlüsselfragen:	■ Welchen komplementären, konkurrierenden oder „humorvollen" Anbieter kämen für eine Werbeko-operation infrage? ■ Mit wem können Sie sich auf einen gemeinsamen Auftritt einigen? ■ In welchen Kooperationen ist sicher gestellt, dass Ihr eigenes Angebot nicht untergeht?

Machen Sie mit!: Cross-Promotion

Im weiteren Sinne zählen gemeinsame Werbemaßnahmen unterschiedlicher Marken und/oder Unternehmen zu „Cross-Promotion". Im engeren Sinne versteht man unter Cross-Promotion spektakulärere Aktionen verschiedener Kooperationspartner – etwa wenn die Bäckereikette Kamps mit Disney Pixar eine Partnerschaft rund um den DVD-Start des Disney-Films „Oben" eingeht. Pro Euro Brötchenkauf bekam man bei Kamps im Januar 2010 „Oben"-Sammelsticker und ein passendes Sammelposter. Auf der Sticker-Rückseite war zudem ein Gewinncode abgedruckt, mit dem man Fanartikel, Playstations und andere Preise gewinnen konnte. Kamps dürfte rasch zur Lieblingsbäckerei etlicher Kinder avanciert sein.

Spektakuläre Aktionen

Die Aktion vereint gleich zwei Momente, die in vielen Cross-Promotion-Maßnahmen eine Rolle spielen, und die Sie ebenfalls für sich nutzen können: Sammelleidenschaft und ein Gewinnspiel. Vielleicht haben Sie auch schon einmal Treuepunkte gesammelt und Flaschenetiketten oder Packungsausschnitte eingesandt, im Tausch gegen Sachprämien eines anderen Herstellers (die Müslischale zum Müsli, den Weinkühler zum Rosé usw.). Andere Promotion-Aktionen setzen eher auf den Eventcharakter, etwa wenn

Kunden zum Mitmachen animieren

Wiesmann, laut Eigenwerbung „die führende Manufaktur für puristische Sportwagen", gemeinsam mit ausgewählten Luxushotels die Möglichkeit bietet, „einen Wiesmann Roadster exklusiv als Teil eines Hotelaufenthaltes" zu erleben.[9] Hier zahlt die umworbene Zielgruppe deutlich vierstellig und berichtet anschließend hoffentlich zahlreichen kaufkräftigen Freunden vom exklusiven Erlebniswochenende.

Events, Gewinnspiele und Sammelaktionen (Treuepunkte) müssen Sie nicht den Großen überlassen. Mit etwas Fantasie können Sie eigene Promotion-Aktionen entwickeln. Eine Hamburger Yogaschule bietet etwa gemeinsam mit einem Biohotel an der Ostsee Yoga-Wochenenden an, die lange im Voraus ausgebucht sind und mit denen sich die Yogaschule schon beim Internetbesuch von Mitbewerbern abhebt. Weitere denkbare Möglichkeiten:

- Ein Friseur, eine Stilberaterin und ein Wellnesshotel veranstalten im Frühjahr ein Schönheitswochenende mit begrenzter Teilnehmerinnenzahl. Denkbar ist auch eine Kombination mit einem Gewinnspiel: Wochenendaufenthalt als Hauptpreis und weitere von den teilnehmenden Unternehmen gestiftete Sachpreise (eine Stilberatung, ein Friseurbesuch).
- Ein Käseladen und ein Weinladen ködern Kunden mit Treuepunkten und stiften gegenseitig Prämien (für je 10 Euro gibt es einen Treuepunkt, für 20 Punkte im Käseladen ein hochwertiges Weinpräsent und umgekehrt).
- Ein Spielzeug-Fachgeschäft veranstaltet einmal im Jahr zusammen mit einer privaten Musikschule und einem Reiterhof ein Kinderfest (mit Ponyreiten, Tombola, Konzerteinlagen der Musikschüler sowie vergünstigtem Bratwurst- und Kuchenverkauf entsprechender Partner).

Mit solchen Veranstaltungen binden Sie eigene Kunden und machen die Kunden der Kooperationspartner auf Ihr Angebot aufmerksam. Exklusiv-Events („Nur für Stammkunden!", „Begrenzte Teilnehmerzahl!") erhöhen den Reiz. Der Frankfurter Kinopalast beispielsweise setzt auf „Ladies only"-Vorführungen und holt zu Vorpremieren typischer „Frauenfilme" Modezeitschriften und

Sekthersteller mit ins Boot (eine Zeitschrift und ein Glas Sekt gratis). Das Kino lastet so vermutlich publikumsschwache Tage besser aus; die Kooperationspartner hoffen auf neue Kunden.

Witzige Aufhänger

Ein fantasievoller oder humoriger Aufhänger ist eine andere Möglichkeit, Aufmerksamkeit zu erzeugen. Vielleicht können Sie Feiertage wie den Valentinstag, Muttertag, Halloween nutzen? Auch internationale Gedenktage bieten sich für einmalige Events an – und da gibt es echte Kuriositäten. Wussten Sie zum Beispiel, dass es einen „Internationalen Tag des scharfen Essens" gibt (16. Januar), einen „der Poesie" (21. März), „des Kusses" (6. Juli), „des Meeres" (22. September) und sogar einen für Schutzengel (2. Oktober)? Wenn Sie an einem solchen Tage eine witzige oder spektakuläre Aktion mit einem Partner planen, können Sie über die lokale Presse sehr wahrscheinlich noch einen „kostenlosen" PR-Effekt erzielen. Die Welttage der Unesco finden Sie übrigens unter www.unesco.de (> Facts & Figures); weitere Festtage unter www.feiertagskalender.ch (> Internationale Tage).

Cross-Promotion und Events sind natürlich nicht nur etwas für die Unterhaltungsbranche. Auch mit Wissensvermittlung können Sie Kunden ködern. Infrage kommen Vorträge, „Kamingespräche" oder Seminare, zu denen Sie die eigenen Kunden und die Ihres Kooperationspartners einladen. Auch hier macht das Internet vieles leichter und kostengünstiger, denn Sie können Online-Seminare veranstalten. Beispiel:

- Im Januar 2010 luden die Hannover Messe, der Vogel Fachverlag und der Verband der Maschinen- und Anlagetechnik (VDMA) zum einstündigen „Webinar Elektromobilität". Ziel: Firmenkunden als Ausstellungspartner für ein entsprechendes Forum auf der Messe zu gewinnen. Wer teilnehmen wollte, meldete sich per E-Mail an und konnte sich über einen zugesandten Link in den „Seminarraum" einwählen. Nach Kurzvorträgen wurde dort angeregt über die Zukunftstechnologie diskutiert.

Nebenbei generieren Sie über solche Aktionen interessante Kundenadressen. Auch Seminarveranstalter und Trainer nutzen Telefonkonferenzen und „Buchinare" (Online-Seminare ausgehend von einer Buchveröffentlichung) mehr und mehr als Akquise-Instrument. Eine kleine Marketing-Kooperation wird daraus, wenn ein Kollege die Moderation des Online-Seminars übernimmt, seine Kunden in die Bewerbung der Veranstaltung einbezieht und im Gegenzug den Kunden des Kollegen vorgestellt wird. Hier – wie bei allen Aktionen – sollten Sie mitbedenken, dass Sie die Veranstaltung im Vorfeld bewerben müssen: Wie erfahren potenzielle Kunden davon? Plakate und Handzettel der Kooperationspartner können durch Newsletter-Hinweise und Mailings ergänzt werden. Denkbar sind natürlich auch klassische Printmedien wie Anzeigen, etwa wenn ein Zeitschriftenverlag mit im Marketing-Boot ist.

Im Überblick:

Kooperations-form:	Cross-Promotion (Kooperation zur Umsetzung publikumswirksamer Aktionen)
Erläuterung:	Partner verschiedener Unternehmen oder Marken verwirklichen gemeinsame Aktionen und erzielen durch die einmalige Kombination erhöhte Aufmerksamkeit.
Beispiele:	1. Sportwagenhersteller und Nobelhotel bieten „Exklusiv-Wochenende", an dem man das neueste Modell ausprobieren kann. 2. Zwei Einzelhändler bieten Stammkunden Treuepunkte. Treueprämie ist jeweils ein Produkt des anderen.
Geschäftsmodell:	Unterschiedlich. Kostenreduktion dadurch möglich, dass jeder Partner sein Produkt bzw. seine Dienstleistung zum Selbstkostenpreis einbringt.

Kooperations- form:	Cross-Promotion (Kooperation zur Umsetzung publikumswirksamer Aktionen)
Instrumente:	Gewinnspiele, Preisausschreiben, Sammelaktionen (Treuepunkte), Aktionen wie Feste, Events, Reisen.
Schlüsselfragen:	■ Zielgruppe: Wen wollen Sie vorrangig erreichen? ■ Inhalt: Welches Instrument könnten Sie sich vorstellen? ■ Partner: Welcher Partner spricht eine ähnliche Zielgruppe an und passt imagemäßig zu Ihrem Unternehmen? ■ Budget: Wie viel können und wollen Sie investie- ren? (Denken Sie bei Events auch an die Werbe- kosten im Vorfeld.)

Hier spricht der Experte: Medienkooperationen

Bei „Medienkooperationen" kommen Ihnen möglicherweise spektakuläre Aktionen in den Sinn, etwa wenn EMI Music Germany, ProSieben und MerchandisingMedia mit viel Presse-Tamtam „die bis dato größte Medienkooperation in der deutschen TV-Geschichte für Robbie Williams' neues Studioalbum „Reality Killed The Video Star" ankündigen und auf eine Kombination von „Imagetrailern", TV-Auftritten und „weiteren spektakulären Aktionen" vorbereiten (Oktober 2009).[10]

Spektakuläre Aktionen

Der Alltag in vielen Redaktionen, sei es im Hörfunk oder in der lokalen Presse, sieht sehr viel unspektakulärer aus. Das Geld ist überall knapp, die Zahl fester Stellen in den Redaktionen sinkt, die Budgets für freie Mitarbeiter werden gekürzt. Kein Wunder, dass man in vielen Redaktionen dankbar für Content ist, der keine oder nur geringe Kosten verursacht, den Journalisten wenig Arbeit macht und Leser- oder Hörernutzen verspricht. Nach einer Studie der Universität Leipzig aus dem Jahr 2005 beruht ein beträchtlicher Anteil von Artikeln inzwischen auf PR-Material von Unternehmen; im Lokalteil von Zeitungen eindeutig neun Prozent, im Wirtschaftsteil vier Prozent, im Ressort Reisen bis zu 25 Prozent. Konkret heißt das: Wenn Sie morgens beim Frühstück die Zeitung zur Hand nehmen, ist die Chance ziemlich groß, dass Sie mindestens ein bis zwei PR-Artikel lesen werden. Das mag man beklagen, wie die PR-kritische Initiative „Netzwerk Recherche", die sich für investigativen Journalismus stark macht.[11] Für Sie als Freiberufler oder Inhaber eines kleinen Unternehmens bedeutet es jedoch die Chance, mit gut aufbereiteten Inhalten Presseberichte zu initiieren, die glaubwürdiger und damit wirksamer sind als viele Werbeaktionen.

Besonders interessant sind in diesem Zusammenhang Kooperationen, die Ihnen eine wiederholte Medienpräsenz garantieren, etwa

- Artikelserien zu einem Thema,
- wiederholte Radiointerviews,
- die Anwesenheit am Leser- oder Hörertelefon, die von einem redaktionellen Beitrag begleitet wird.

Dauerhafte Medienpräsenz zahlt sich aus

Dabei geht es nicht um offensive „Werbung" für Ihr Produkt oder Ihre Dienstleistung, sondern darum, sich glaubwürdig als Experte für ein bestimmtes Thema zu präsentieren. Der Marketingeffekt basiert einerseits auf dem Vertrauen, das Sie durch Ihre Präsenz in der Presse gewinnen, andererseits natürlich auf Ihrem wachsenden Bekanntheitsgrad. „Bekanntheitsgrad hebt Nutzenvermutung", schreibt Marketingexperte Hermann Scherer in seinem Buch „Jenseits vom Mittelmaß".[12] Ob der Finanzberater, der am Expertentelefon der Lokalzeitung Auskunft zu Anlagestrategien gibt, tatsächlich besser ist als seine Mitbewerber rechts und links im Branchenbuch, ist ungewiss. Doch der Nimbus des Experten, den ihm die Pressepräsenz verleiht, legt genau diese Vermutung nahe.

Leicht gesagt, schwer getan? Wenn Sie die Augen offen halten, werden Sie feststellen, dass Sie im Alltag von „Experten" umgeben sind. Beispiele:

- Beim Lokalsender hr1 (Hessischer Rundfunk) gibt es längst ein „Profiteam" mit einem Finanzexperten, einer Expertin für Gesundheit (eine Allgemeinärztin), einem Koch, einem Juristen und so fort. Im Internet wird der interessierte Hörer auf deren Homepage verwiesen und kann sich so beispielsweise direkt an Thomas Mehmel-Kösters, zertifizierter Finanzplaner mit den Schwerpunkten private Finanzplanung und private Altersvorsorge, wenden.[13]
- In der Frankfurter Rundschau erscheinen in unregelmäßigen Abständen Artikel einer Serie zum Thema „Tücken der neuen Rechtschreibung". Autorin: eine Germanistin und freiberufliche Lektorin. Besser kann man potenzielle Firmenkunden kaum aufmerksam machen und von der eigenen Kompetenz überzeugen.[14]
- Durch mehrere Beiträge zu Marketingthemen im „Immobilienreport Hessen-Thüringen" konnte ich etliche Neukunden unter anderem aus der Immobilienbranche gewinnen.
- Wer in Nordrhein-Westfalen zuhause ist, kennt vielleicht die Sendereihe „Zimmer fertig!" im WDR-Fernsehen. Eine Innenarchitektin gestaltet dort mit einem Team Räume von Zuschauern neu. Von 2002 bis 2008 schlüpfte Claudia Haubrock in die Rolle der Wohnungsberaterin. Wer die Website der jungen Architektin besucht, stellt fest: Auch bei der Rheinischen Post ist sie gut bekannt, denn dort erscheinen regelmäßig Artikel von ihr.[15] Wetten, dass die Dame keine Auftragsflauten kennt?

Gehen Sie selbst auf Redaktionen zu, wenn man dort nicht anders auf Sie aufmerksam wird. Nutzen Sie aktuelle Aufhänger, um Ihre Expertise anzubieten (Finanzberater: sichere Geldanlage in Zeiten des Finanzcrashs, Gärtner: Baumschnitt im Herbst, Gartengestaltung zu Beginn der Pflanzzeit). Denken Sie bei Presse nicht nur an bekanntere Tageszeitungen, sondern auch an Fachmedien, wenn Sie damit Ihre Zielgruppe passgenau erreichen. Unterschätzen Sie als Anbieter mit regionalem Kundenkreis die kostenlosen Anzei-

Auf Redaktionen zugehen

genblättchen nicht, die im Stadtteil oder Landkreis von Endkunden gerne gelesen werden und meist dankbar sind für redaktionellen Input. Beispiele:

- Die örtliche Reinigung hat ihr Angebot vergrößert und bietet nun auch das Waschen von Federbetten und Daunendecken an. Die Besitzerin bietet einen Artikel zum Thema „So haben Sie lange Freude an Ihren Daunendecken" an, in dem es um unterschiedliche Qualitäten, Lüften und Lagern und – Sie ahnen es – um professionelle Reinigung geht.
- Der Leiter eines Nachhilfe-Instituts schreibt einen Artikel mit Lerntipps für Eltern und Kinder. Idealer Zeitpunkt: rund um die Versendung der Blauen Briefe oder zur Zeugniszeit.
- Ein Immobilienmakler schreibt eine Artikelserie „Augen auf beim Wohnungskauf".

Schreiben lässt sich delegieren

Zum Umgang mit der Presse, zum Schreiben von Artikeln und Pressemitteilungen oder zum gekonnten Auftreten in Interviews können Sie sich mit Ratgebern von „Pressearbeit für Dummies" bis „Basiswissen Public Relations" schlau machen.[16] Die für Laien oft mühsame Aufgabe des Schreibens lässt sich an einen Profi (Texter, Journalisten) delegieren. Grundsätzlich gilt für solche Medienkooperationen: Je passgenauer Sie den Journalisten Inhalte zuspielen und je „pflegeleichter" Sie im Umgang sind, desto häufiger wird man auf Sie zukommen. Versuchen Sie nicht, die Redaktion vor Ihren Karren zu spannen, sondern bieten Sie allgemeine Themen und Inhalte an, die für die Redaktion von Interesse sind. Klären Sie eindeutig, in welcher Form Sie in der Sendung oder beim Artikel vorgestellt werden und halten Sie eine knappe, aussagekräftige Vita bereit – positiv, aber ohne übertriebenes Selbstlob. Auch ein professionelles Foto sollten Sie zur Hand haben. Gehen Sie bei der Wahl der Ansprechpartner von Ihrer Zielgruppe aus: Wenn der Internationale Buchpreis Corine den Sender Klassik Radio für eine Medienkooperation gewinnt, passt das wunderbar, weil beide auf ein kulturbeflissenes Publikum zielen. Auf wen zielen Sie?

Im Überblick:

Kooperations-form:	Medienkooperation (Kooperation mit Printmedien, Hörfunk oder Fernsehen)
Erläuterung:	Freiberufler oder Unternehmer bietet dem Medienpartner unentgeltlich Expertenwissen und ausgewogene Infos mit allgemeinem Lesernutzen an.
Beispiele:	1. Eine Innenarchitektin gestaltet in einer Sendereihe im Fernsehen („Zimmer fertig!") Zuschauerräume um. 2. Ein Finanzberater ist „Geldexperte" eines Radiosenders. 3. Ein Immobilienmakler schreibt eine Artikelserie „Augen auf beim Wohnungskauf" für ein Anzeigenblättchen.
Geschäftsmodell:	Neutrale Inhalte (Expertenwissen) im Tausch gegen Presseaufmerksamkeit.
Instrumente:	Experten-Interviews, Experten-Hotlines, Presseartikel mit allgemeinem Lesernutzen.
Schlüsselfragen:	▪ Mit welchen Medien erreichen Sie Ihre Zielgruppe passgenau? ▪ Welche neutralen Themen können Sie anbieten? ▪ Wie können Sie der anvisierten Redaktion den bestmöglichen Service bieten?

Ich hab' da noch was für Sie!: Querverkauf (Cross-Selling)

Während über Presseaufmerksamkeit neue Kunden erreicht werden, dient Cross-Selling vor allem der Erhöhung des Absatzes pro Kunde. Dahinter steckt die simple Erkenntnis, dass Sie nur drei Hauptmöglichkeiten haben, Ihren Umsatz zu steigern.

Den Absatz erhöhen

1. Sie können die Anzahl Ihrer Kunden erhöhen;
2. Sie können dafür sorgen, dass Ihre Kunden häufiger bei Ihnen kaufen, also die Zahl der Wiederverkäufe erhöhen;
3. Sie können das durchschnittliche Auftragsvolumen erhöhen, zum Beispiel Ihren Kunden bei einem Kauf im Schnitt mehr verkaufen.

Cross-Selling und Up-Selling Ein probates Mittel im letzten Fall – mehr Absatz pro Kunde – sind Querverkäufe. Der Begriff des „Cross-Selling" wird im Marketing unterschiedlich verwendet. Im weitesten Sinne bezeichnet er die „Aktivierung von vorhandenen Kundenkontakten für weitere Produktverkäufe oder für die Nutzung von weiteren Dienstleistungen eines Unternehmens" (Gabler Wirtschaftslexikon). Ob diese Produkte vom selben oder von einem anderen Unternehmen stammen, ob es sich um Ergänzungsprodukte zum Ausgangskauf handeln sollte oder nicht, daran scheiden sich die Marketinggeister. Gerne wird das Ganze auch mit „Up-Selling" verwechselt: Wenn ein Autoverkäufer dem Kunden zum Wagen gleich einen Satz Winterreifen mit verkauft, ist das Cross-Selling (komplementäres Produkt eines anderen Herstellers); wenn er den Kunden überzeugt, den Wagen entgegen seiner Ausgangsplanung mit diversen Extras zu bestellen, ist das Up-Selling (teureres Produkt desselben Herstellers).

Cross-Selling begründet eine Marketing-Kooperation, wenn ein Unternehmen die Produkte eines anderen vertreibt. Ein Beispiel aus dem Frankfurter Raum: Unter dem Motto „Fitness & Phone" kooperierten ein Fitnessstudio und Mediamarkt. Der Markt bot seinen Kunden bei Abschluss eines 24-monatigen Mobilfunkvertrags die Möglichkeit, gleichzeitig für 13 Euro monatlich (statt 29,99 Euro) im Fitnessinstitut zu trainieren. Der Studiobetreiber gewann Neukunden, Mediamarkt ein attraktives Verkaufsargument für den hart umkämpften Mobilfunkmarkt. Weitere denkbare Beispiele für Cross-Selling:

■ Im Blumenladen sind auch Pralinen oder Glückwunschkarten zu haben.

- Das Reisebüro bietet in Kooperation mit einer Versicherung auch Reiserücktritts- und/oder Auslandskrankenversicherungen an.
- Beim Apotheker kann man auch Gesundheitsratgeber eines bestimmten Verlages erwerben. Dafür bestückt der Verlag interessierte Apotheken mit einem Drehständer und Standardtiteln.

Das letzte Beispiel war übrigens kein Erfolgsmodell, auch wenn die Idee spontan einleuchtet: Warum sollte jemand, der mit Rückenschmerzen oder Kopfweh eine Apotheke aufsucht, nicht auch an passenden Ratgebern („Rückengymnastik", „Dem Kopfschmerz vorbeugen") interessiert sein? Dennoch ist Ihnen in einer Apotheke vielleicht schon mal ein Bücherständer aufgefallen, dessen Inhalt schon etwas angejahrt wirkt. Das bestätigt einen wichtigen Rat, den man in nahezu jedem amerikanischen Ratgeber zum Thema Joint Venture Marketing nachlesen kann: Testen, testen, testen – funktioniert ein Konzept, das am grünen Tisch erdacht wurde, auch in der Praxis? Wann immer es die Möglichkeit gibt, eine Marketingidee erst einmal im kleinen Rahmen auszuprobieren, sollten Sie das tun. Und bevor Sie und Ihr Kooperationspartner eine zündende Idee umsetzen, lohnt es sich, zumindest einige kritische Testpersonen zu befragen.

Konzepte unbedingt testen!

Ein „Kreuzverkauf" im engeren Wortsinne entsteht, wenn Partner A Produkte von Partner B vertreibt und umgekehrt. Gerne wird in der Literatur die Kooperation der Hilton-Hotelkette mit dem Autovermieter Sixt zitiert. Beide vermarkteten sich als „Travel Partners": Ein Kunde des einen konnte vor Ort auch die Leistungen des anderen buchen. Hinzu kamen Vergünstigungen: Upgrades für Sixt-Kunden im Hilton, Sondertarife für Hilton-Gäste bei Sixt.[17] Zwei starke Marken stärkten sich so gegenseitig. Hätte Sixt mit einer Preiswertkette wie Motel One kooperiert, wäre der Imageeffekt ein anderer (zumal sparsame Reisende nicht unbedingt ein Auto mieten). Zum Vertriebsgedanken kommt also ein Imagetransfer, den Sie mitbedenken sollten, wenn Sie sich nach Kooperationspartnern umschauen.

Ein solcher Kreuzverkauf funktioniert nicht nur bei Großunternehmen:

- Eine Buchhandlung kooperiert mit einer Galerie: Die Buchhandlung stellt Bilder aus und verkauft sie, die Galerie hat auch Kunstbücher vorrätig.
- Eine Imageberaterin kooperiert mit einer Kosmetikerin: Mit der Imageberatung kann man auch ein typgerechtes Schminken buchen, bei der Kosmetikerin auch eine Imageberatung.
- Ein Innenarchitekt und ein Gartengestalter gehen eine Kooperation ein und bieten die Produkte des jeweils anderen auf ihren Websites und über Informationsmaterial (Flyer) mit an.
- Ein Mittelständler, der Fertighäuser baut, kooperiert mit einem Finanzdienstleister: Der Finanzdienstleister bietet passenden Kunden die günstige Möglichkeit an, den Traum vom eigenen Haus zu verwirklichen. Der Baubetrieb bietet eine Finanzierung über den Finanzpartner.
- Zwei Versandhändler mit nicht konkurrierenden Produkten verkaufen einen ausgewählten Teil ihres Sortiments über den Katalog des jeweils anderen.

Der wichtigste Vorteil von Cross-Selling: Einem bestehenden Kunden noch ein Produkt zu verkaufen, ist in der Regel sehr viel einfacher und weniger aufwendig, als völlig neue Kunden zu akquirieren. Schließlich hat ein Bestandskunde sich bereits mindestens einmal für Sie entschieden und hoffentlich Vertrauen gefasst. Mit interessanten Querverkäufen erhöhen Sie die Kundenbindung und steigern den Umsatz. Durch ein attraktives neues Angebot, das Sie gemeinsam mit einem Kooperationspartner verwirklichen, können Sie überdies „eingeschlafene" Kundenbeziehungen wieder aktivieren: Nehmen Sie den neuen Service zum Anlass für entsprechende Werbemaßnahmen wie Handzettel oder Mailings, und weisen Sie in Ihrem Newsletter und auf Ihrer Website prominent darauf hin.

Im Überblick:

Kooperations-form:	Querverkauf (Cross-Selling) (Kooperation, bei der Produkte eines anderen Unternehmens mit angeboten werden)
Erläuterung:	Partner A bietet seinen Kunden auch das Produkt von Partner B an. Dabei kann es sich um ein Produkt handeln, das sein Angebot sinnvoll ergänzt. Bei Kreuzverkauf im engeren Sinne funktioniert das wechselseitig.
Beispiele:	1. Ein Reisebüro bietet in Kooperation mit einem Versicherungsunternehmen zur Reise auch die Rücktrittsversicherung und die Auslandskranken-versicherung an. 2. Ein Fertighausunternehmen und ein Finanzdienst-leister bieten Kunden jeweils auch die Produkte des anderen an.
Geschäftsmodell:	Provision.
Instrumente:	Hinweise auf den Websites, in Flyern, im Werbemate-rial und in Verkaufsgesprächen.
Schlüsselfragen:	■ Welche Komplementärprodukte erhöhen den Nutzen für Ihre Kunden? ■ Mit wem könnten Sie eine gegenseitige Kooperati-on (Kreuzverkauf) vereinbaren? ■ Welche Partner stärken Ihr Markenimage?

Jetzt bei uns!: Vertriebskooperationen

Vertriebspartnerschaften sind quasi die einseitige Variante des Cross-Selling und wurden zuvor mit Glückwunschkarten im Blumenladen oder Versicherungen im Reisebüro bereits gestreift. Wenn die Bild-Zeitung eine Vertriebspartnerschaft mit McDonald's eingeht, ist das natürlich ein „Big Deal" – immerhin besuchen in

Die einseitige Variante des Cross-Selling

Deutschland nach Angaben des Unternehmens täglich rund 2,5 Millionen Gäste die Filialen der Fast-Food-Kette.[18] Aber auch, wenn Sie sich mit einem Sandwichladen selbstständig machen, können Sie nach Vertriebspartnern Ausschau halten und Ihre leckeren Sandwiches und Brötchen vielleicht auch über Cafés, Kioske oder Tankstellen vertreiben. Beispiele für die geschickte Vertriebspolitik eines kleinen Mittelständlers und einer Freiberuflerin:

- Wacker's Kaffee ist ein traditionelles, sehr beliebtes Kaffeegeschäft in Frankfurt mit eigener Rösterei und einem vielfältigen Sortiment. Für Cafés und Restaurants im Frankfurter Raum ist es inzwischen ein Gütesiegel, Kaffee aus dem alteingesessenen Familienunternehmen zu beziehen: „Hier gibt es Wacker's Kaffee" findet man oft auf Frühstücks- oder Kuchenkarten. Wacker's Rösterei steigert so natürlich den Umsatz und nutzt diese Möglichkeit, um die Marke zu promoten. Das funktioniert, obwohl das Haus Wacker auch selbst drei Cafés führt – ein Beispiel dafür, dass durchaus auch Konkurrenten sinnvoll miteinander kooperieren können! Voraussetzung: Man schnappt sich dadurch nicht gegenseitig die Kunden weg. In diesem Fall wird das dadurch verhindert, dass die Cafés Laufkundschaft bedienen und nicht in direkter Nachbarschaft angesiedelt sind.

- Eine freiberufliche Masseurin/Physiotherapeutin bietet verschiedene Massagen nicht nur in der eigenen Praxis an, sondern auch in einem gehobenen Fitnesscenter in einem anderen Stadtteil. Zwei Tage die Woche kann man dort von 15:00 bis 21:00 Uhr Massagetermine vereinbaren. Beworben wird der Service im Fitnessstudio am Informationsbrett und durch einen Aufsteller auf der Empfangstheke. Das Angebot ist ein voller Erfolg und wurde binnen Kürze von einem auf zwei Tage ausgedehnt: Wer ein vergleichsweise teures Sportstudio bezahlen kann, hat offensichtlich auch kein Problem damit, sich regelmäßig eine Massage für 50 Euro zu gönnen.

Nutzen für Kunden und Vertriebspartner Beide Beispiele verdeutlichen noch einmal, was erfolgreiche Marketingkooperationen im Kern ausmacht: ein hoher Kundennutzen (aromatischer Kaffee bzw. die Möglichkeit, Sport oder Sauna ohne Extraweg mit einer Massage abzurunden) in Verbindung mit einem Nutzen für beide Kooperationspartner – Abrundung des Angebots beim einen, Umsatzsteigerung beim anderen. Wenn Sie ein gutes Produkt haben und mehr verkaufen wollen, stehen Ihnen grundsätzlich folgende Möglichkeiten offen:

- Sie halten Ausschau nach anderen Händlern, die Ihr Produkt gegen Provision ins Sortiment aufnehmen (entweder stationär oder online); *Reisebüros*
- Sie kooperieren mit einem Filialunternehmen, das Sie regelmäßig beliefern (einer Tankstellenkette, einer Restaurantkette, einer Friseurkette …);
- Sie bauen gemeinsam mit Partnern ein Vertriebsteam auf, das Ihre Produkte und die der anderen vertreibt; *Versicherungen*
- Sie suchen einen passenden Partner, dessen Außendienst Ihr Produkt mitvertreiben kann.

Ein Erfolgbeispiel für die letzte Form der Vertriebskooperation ist die Zusammenarbeit des Mineralfutterproduzenten Sano und des Unternehmens Mayer Tittmoning, das Futtermischwagen („Siloking") herstellt. Beide bedienen exakt dieselbe Zielgruppe (Viehzüchter) und der Außendienst des einen bekommt automatisch den Bedarf des anderen mit (für die Beimischung von Tierergänzungsmitteln braucht man einen entsprechenden Mischwagen). Sano vertreibt die Wagen mit (siehe auch die Homepage des Unternehmens, die unter dem Link „Technik" mit der Siloking-Kooperation wirbt).[19] Der Absatz von Futtermischwagen ist dadurch maßgeblich gestiegen, das Maschinenbauunternehmen hat „huckepack" neue Märkte – auch im Ausland – erschlossen und auch der Vertriebspartner steigerte seinen Umsatz durch das Zusatzangebot. Eine ideale Kombination, die zeigt, wie sehr sich eine gründliche Partnersuche lohnen kann. Der Aufbau des eigenen Vertriebs zur Erreichung weiterer Märkte hätte für den Mittelständler ein weit größeres wirtschaftliches Risiko bedeutet und weit mehr Zeit in Anspruch genommen.

Fragen, die Sie sich bei einer Vertriebskooperation aber in jedem Fall stellen sollten:

- Ist das Unternehmen, mit dem Sie eine enge Kooperation planen, professionell und seriös?
- Gibt es eine genügend große Überschneidung Ihrer beider Zielgruppen?
- Besteht die Gefahr, dass Ihr Partner Ihnen Kunden abjagt oder Ihr Geschäft mit übernimmt?

Auch beim Thema „gemeinsamer Vertrieb" ist es also empfehlenswert, umfassend zu recherchieren und alle Möglichkeiten sorgfältig auszuloten. Wenn Sie beispielsweise ungewöhnliche, schöne oder besonders hochwertige Produkte herstellen, könnte es sich lohnen, bei einem passenden Anbieter anzuklopfen, der Geschenke übers Internet vertreibt (recherchieren Sie unter Stichworten wie „Geschenkeversand"). Von einem interessanten anderen Kooperationsbeispiel, das das klassische Konkurrenzdenken im Business infrage stellt, berichtet US-Marketingguru Jay Abraham: Ein kleiner Hersteller preisgünstiger Kopierer kooperiert mit einem Händler, der ausschließlich teure Geräte vertreibt. Kunden, deren Budget das eigene Angebot erkennbar übersteigt, verweist der Händler gegen eine Erfolgsprovision an den kleineren Anbieter. Der kleinere Partner gewinnt so einen wichtigen Vertriebskanal, der größere profitiert ohne zusätzlichen Aufwand und kann sein Image als fairer Berater seiner Kunden stärken.[20] Wenn Sie über einen gut funktionierenden Vertrieb verfügen, könnte Sie das dazu ermuntern, selbst nach Partnern Ausschau zu halten, deren Produkte Sie mit anbieten könnten.

Kooperations-form:	Vertriebskooperation (Kooperation mit einem Partner, der einen zusätzlichen Absatzkanal bietet)
Erläuterung:	Partner A vertreibt zusätzlich zu seinen eigenen Produkten und Dienstleistungen die Angebote von Partner B.
Beispiele:	1. Hersteller von Tierfutterergänzungsstoffen vertreibt auch Futtermischwagen eines anderen Unternehmens. 2. Selbstständige Masseurin bietet Massagen auch über ein Sportstudio an.
Geschäfts-modell:	Provision.
Instrumente:	Stationärer Handel, Online-Verkauf, Außendienst.
Schlüssel-fragen:	■ Welche Kunden in welcher Kaufsituation bei welchen Anbietern könnten für Ihr Produkt aufgeschlossen sein? ■ Welcher Partner erreicht Kundengruppen, die Sie bislang nicht erreichen? ■ Welcher Partner ist seriös, professionell und passt zu Ihrem Image?

Im Paket mehr verkaufen: Bündelung (Product Bundling)

„Der Kunde kauft nicht die Bohrmaschine – er kauft das Loch in der Wand!" Kaum ein Bild wird in der Verkaufsliteratur öfter bemüht, wenn verdeutlicht werden soll, dass erfolgreiche Unternehmer und Verkäufer vor allem eines sind: Problemlöser ihrer Kunden. Zu erkennen, welche Probleme die eigene Zielgruppe hat, und eine überzeugende Antwort darauf zu geben, ist die beste Basis für gute Ge-

Welches Problem hat mein Kunde *noch*?

schäfte. „Bündelungen" sind eine Kooperationsstrategie, die noch einen Schritt weiter geht. Gefragt wird nicht nur: „Welches Problem hat mein Kunde?", sondern auch: „Welches Problem hat mein Kunde *noch*?"

Ein Beispiel: Wer Motorrad fahren will, braucht einen Führerschein. Dieses „Problem" lösen Fahrschulen. Wer Motorrad fahren will, braucht aber auch noch einen fahrbaren Untersatz – und er braucht die Zeit, Fahrstunden zu nehmen. Drei Anbieter im Sauerland haben sich zusammengetan und ermöglichen ihren Kunden, diese drei Fliegen mit einer Klappe zu schlagen. Das Angebot: „Motorrad-Führerschein im Urlaub und noch dazu ein neues Motorrad!" Wer beim Hotel bucht, wird in der örtlichen Fahrschule angemeldet und bekommt beim Kauf eines neuen Motorrads beim örtlichen Händler einen Zuschuss von 1.000 Euro zur Fahrschule. Der Fahrschüler macht den Führerschein gleich auf der eigenen Maschine (die er natürlich im Hotel unterstellen kann), übt auf beliebten kurvenreichen Motorradstrecken und fährt anschließend mit der eigenen Maschine nach Hause. Das Hotel lastet so die Nebensaison besser aus, Fahrschule und Händler gewinnen ebenfalls zusätzliche Kunden.[21]

Kombination bringt Wettbewerbsvorteile

Geschickte Produktkombinationen können so entscheidende Wettbewerbsvorteile bieten: Fahrschulen gibt es viele, Ferienfahrschulen schon weniger, Motorradferien auf der eigenen Maschine mit zusätzlicher Sparmöglichkeit sind wahrscheinlich ziemlich einzigartig. Produktbündel („Bundles") sind heutzutage eine verbreitete Marketingstrategie: Das beginnt beim McDonald's-Menü, geht weiter beim PC-Gesamtpaket, bei dem Ihnen Ihr Medienmarkt Tastatur, Bildschirm und Maus mitanbietet, und endet bei All-inclusive-Urlaubsangeboten. Die Vorteile solcher Angebote liegen für den Kunden vor allem in niedrigeren Kosten, Zeitersparnis oder Komfort. Anbieter heben sich von Konkurrenten ab und hebeln (zumindest bei Komplettpreisen) die Preistransparenz aus, die in Zeiten des Internets herrscht und bei vielen Kunden zu einer ausgesprochenen Schnäppchenmentalität führt. Bündelungen, die auf der Kooperation mehrerer Unternehmen basieren, können zusätzlich durch Originalität und Einzigartigkeit Aufmerksamkeit erregen (wie etwa beim Konzept der Motorradferien). Andere Beispiele für Kooperationen:

- Eine Hotelgruppe bietet Übernachtungsgästen individuell abgestimmte Zusatzprodukte an: Skifahrern neue Bretter, Genießern eine teure Kaffeemaschine und Golfspielern eine Basisausrüstung. „2006 haben wir unseren Gästen insgesamt 1.000 Seiko-Maschinen, 8.000 Golf-Packs und 10.000 Paar Ski überreicht, womit wir sogar zum Hauptkunden des österreichischen Skiherstellers Blizzard avanciert sind", verrät der Geschäftsführer der Michaeler Tourism Group, Erich Falkensteiner.[22]
- Eine Raiffeisenkasse bietet älteren Kunden zum Finanzpaket gleichzeitig ein Sparkonto für die Enkel, einen Steiff-Teddy und zwei Zirkuskarten an.[23]

Ob bei solchen Produktbündelungen am Ende immer ein Komplettpreis (und damit eine entsprechend enge Kooperation) stehen muss, wird von Marketingexperten unterschiedlich gesehen: Für einige ist ein Gesamtpreis für ein fest geschnürtes Paket Definitionskriterium von Bündelungen. Andere differenzieren ausdrücklich zwischen Preisbündelung und Produktbündelung, die gemeinsam, aber auch getrennt eingesetzt werden könnten (unsere Motorradferien-Anbieter setzten auf reine Bündelung der Produkte, ohne ein preisliches Gesamtpaket zu schnüren). Für die Praxis relevanter als solche Definitionsfragen sind die Variationsmöglichkeiten, die Ihnen verschiedene Arten von Bündelungen bieten:

Preis- und Produktbündelung

- Produktkombinationen, die fest geschnürt sind, ohne individuelle Variationsmöglichkeit (es gibt nur das Paket X + Y);
- Produktkombinationen, die von den Kunden variiert werden können (es gibt X + Y, X + W und X + Z);
- Produktkombinationen, die zeitlich begrenzt sind (nur bis zum Soundsovielten erhältlich);
- Produktkombinationen, die Kunden mit anderweitig schwer zu bekommenden Beigaben locken („Nur beim Kauf von X erhalten Sie das Sammlerstück Y dazu!");

- Produktkombinationen, die mit einem starken Preisvorteil werben („X + Y zusammen für nur … Euro!");
- Produktkombinationen, die einem ausgewählten Kundenkreis exklusiv angeboten werden (nur für Abonnenten, Kundenkartenbesitzer, Neukunden, Seminarbesucher usw.).

Wenn Sie über mögliche Bündelungspartner nachdenken, sollten Sie sich also fragen, welches Problem Ihr Kunde weiterhin hat (oder erst bekommt), wenn er Ihre „Problemlösung" kauft. Beispiele:

- Wer ein Backbuch mit Muffin-Rezepten kauft, braucht eine Muffin-Form dazu. Unter dem Titel „Muffins-Set 2009" brachte der Gräfe & Unzer Verlag ein entsprechendes Produkt heraus. Vergleichbare Pakete sind bei Bastelbüchern (Buch + Bastelmaterial), Gartenbüchern (Buch + Samentütchen) usw. denkbar.
- Wer einen Ofen kauft, braucht Brennstoff dazu. Ein cleverer Ofenbauer bietet für einen Aufpreis von 500 bis 1.000 Euro „lebenslang Holz gratis dazu" an (ein Beispiel von Hermann Scherer).[24]
- Wer ein spektakuläres Event (Konzert, Musical, Show) besucht, reist oft von außerhalb an – er braucht eine Übernachtungsmöglichkeit. Viele Veranstalter bieten inzwischen Tickets mit Zusatzleitungen (Hotelübernachtung, Anreise, weitere Aktivitäten in der Stadt) an. So konnte man für die Show „India" in Frankfurt um die Jahreswende 2009/2010 außer Eintrittskarten auch verschiedene Arrangements buchen („India Eventreise", „India kulinarisch").
- Wer eine Wohnung kauft, wird in vielen Fällen bald umziehen. Ein Immobilienmakler hat eine Umzugsfirma an der Hand, evtl. auch einen Architekten, einen Innenarchitekten, verschiedene Handwerker.

Das letzte Beispiel erinnert Sie möglicherweise an die „Hochzeitsmafia". Die Ähnlichkeiten liegen auf der Hand: In beiden Fällen kooperieren verschiedene Anbieter rund um ein übergeordnetes Lebensereignis – hier „Heiraten", dort „Immobilienkauf". Ich rate daher meinen Kunden dazu, sich gezielt rund um solche übergeordneten

Fragestellungen zu vernetzen und entsprechende „Powerteams" zu gründen. Die Grundidee: In einem Powerteam ist jeder Anbieter nur einmal vertreten und kooperiert mit anderen Anbietern, die angrenzende Teilprobleme lösen. Vorstellbar sind Powerteams zu Themen wie „Wohnungsrenovierung", „Alles rund ums Haus", „Jobwechsel", „Klarkommen im Alter", „Existenzgründung" usw.

Gezieltes Netzwerken

Netzwerken gehört zum Geschäft heute ohnehin dazu, gerade bei Freiberuflern und Selbstständigen. Statt Kontakte dem Zufall zu überlassen, steuern Sie mit Powerteams Ihre Netzwerkaktivitäten im Hinblick auf mögliche Kooperationen. Auf diese Weise lernen Sie potenzielle Partner erst einmal unverbindlich kennen, bevor Sie eine engere Zusammenarbeit eingehen. Bei solch einer gezielten Vernetzung wird schnell klar, wer im Bunde noch fehlt – bei der „Hochzeitsmafia" vielleicht ein Caterer, im Handwerkerbündnis vielleicht ein Raumausstatter, der Gardinen und Heimtextilien anbietet. Übrigens: Das Business Network International (BNI) hat diese Idee zum Prinzip erhoben: In regionalen Chaptern treffen sich weltweit Unternehmer einmal wöchentlich sehr früh zum Businessfrühstück mit dem erklärten Ziel, sich gegenseitig weiterzuempfehlen. Jede Branche ist grundsätzlich nur einmal vertreten. 65 Prozent der Empfehlungen werden in diesem Netzwerk innerhalb von so genannten „Powerteams" (Mitglieder, die dieselbe Zielgruppe haben) ausgetauscht. Außerdem lassen sich auch hier Kontakte anbahnen, die in engere Kooperationen – bis hin zu Produktbündelungen und Paketen – münden können (Infos unter www.bni-online.de).

Im Überblick:

Kooperations-form:	**Bündelung (Product Bundling)** (Kooperation mit einem Partner, um Angebote zu einem „Paket" zusammenzufassen)
Erläuterung:	Partner A und Partner B (und ggf. weitere) bieten ihre Leistungen im Paket an und erhöhen damit den Kundennutzen (weniger Aufwand, Bequemlichkeit, günstiger Preis). Das Paket kann zu einem Gesamt-preis angeboten werden oder in Teilleistungen.
Beispiele:	1. Hotel und Showveranstalter kooperieren und bieten eine Reise zur Show zum Komplettpreis. 2. Gasthof, Fahrschule und Motorradhändler organisieren Führerscheinferien mit dem neuen Motorrad.
Geschäfts-modell:	Vom losen Verbund mit gemeinsamer Vermarktung (Motorradferien) bis zum Schnüren fester Bündel mit einem Gesamtpreis und abgestimmter Aufteilung von Kosten und Gewinn (Eventreise).
Instrumente:	Gemeinsame Vermarktung über verschiedene Kanäle (zum Beispiel Website, Anzeigen, Newsletter, Mailing an Bestandskunden).
Schlüssel-fragen:	▪ Welche Probleme hat der Kunde, der Ihr Produkt erwirbt, noch (vor, während und nach dem Kauf)? ▪ Welche anderen Anbieter lösen diese Probleme? ▪ Welche Paketlösungen bieten Ihren Kunden zusätzlichen Nutzen und verschaffen Ihnen und Ihren Partnern so einen Wettbewerbsvorteil?

Neue Produkte kreieren:
Markenallianzen (Co-Branding)

„Co-Branding" wird vom Markenlexikon definiert als „Form einer Markenallianz, bei der eine Leistung systematisch durch zwei oder mehr Marken markiert wird, die für Dritte wahrnehmbar sind und auch weiterhin jeweils eigenständig auftreten".[25] Beispiele finden Sie in jedem Supermarktregal, etwa wenn beim Jacobs Choco Cappuccino zwei Marken aus dem Hause Kraft verschmelzen (Jacobs/Milka) oder wenn der Tiefkühlkosthersteller Frosta in Kooperation mit der Frauenzeitschrift Brigitte Diätmenüs auf den Markt bringt. Die Logos beider Marken schmücken die Verpackungen; die Unternehmen hoffen auf einen Bekanntheitszuwachs der Einzelmarken, auf einen positiven Imagetransfer und nicht zuletzt auf neue Kunden aus dem jeweils anderen Marktsegment.

Zwei Logos
auf einem Produkt

Fast täglich kommen heute neue Produkte auf den Markt. Sehr viele davon floppen trotz aufwändiger Marketingkampagnen, da die Kunden ohnehin schon die Qual der Wahl haben. Co-Branding wird daher von Unternehmen als weniger risikoreiche Alternative geschätzt: Man kombiniert bereits Bekanntes und Bewährtes. Dabei geht es nicht nur um Lebensmittel: Wenn eine Kosmetikfirma alle paar Jahre „Das neue Gesicht" zu ihren Schönheitsprodukten vorstellt und dabei auf Hollywoodschönheiten setzt, wenn Volkswagen mit Rockstars kooperiert und seinen Kunden einen Golf mit Rolling Stones- oder Bon Jovi-Design anbietet oder wenn Lufthansa und Visa eine Miles & More-Kreditkarte herausbringen, ist das ebenfalls Co-Branding.

Eigenes Risiko
minimieren

Im Idealfall profitieren bei einer solchen Kooperation beide Marken von einem gegenseitigen positiven Imagetransfer. Ob das tatsächlich gelingt, hängt davon ab, ob beide Marken ungefähr gleich stark sind, ob sie in der Wahrnehmung der Kunden zusammenpassen und ob sich die Images (also die mit den Marken assoziierten Eigenschaften) sinnvoll ergänzen. Dass wirtschaftlicher Erfolg und Imagegewinn nicht immer Hand in Hand gehen, zeigt das Beispiel FreshSurfer, ein WC-Spülstein in windschnittigem Design, den Henkel zusammen mit dem italienischen Unternehmen Alessi auf den Markt brachte. Die Kooperation bescherte Henkel zusätzliche Marktanteile, der Designer-Marke Alessi allerdings laut Kundenbefragungen deutlich sinkende Werte bei Kategorien wie „Ästhetik" oder „Exklusivität". Dass ein WC-Spülstein mit Alessi-Logo sich anders auf das Markenimage des Designers auswirkt als eine Alessi-Kaffeemaschine (die in Kooperation mit Philips entwickelt wurde), kann kaum überraschen. Marketingberater haben diesen Aspekt aufwändig empirisch untersucht.[26] Im schlimmsten Fall kann eine wenig durchdachte Kooperation auf Dauer also das Markenimage eines Partners beschädigen.

Klare Positionierung ist Voraussetzung

Was kann Ihnen Co-Branding bringen, wenn Sie kein Konzern sind, sondern ein kleines Unternehmen führen oder als Freiberufler Ihre Brötchen verdienen? Co-Branding setzt zu allererst voraus, dass Sie überhaupt als Marke in Ihrem Marktsegment etabliert sind. Dies gilt auch und gerade für Freiberufler, die sich im harten Wettbewerb behaupten müssen. Wenn niemand weiß, wofür Sie stehen – welche Themen Sie besetzen, aber auch, was Sie als Person und damit Ihre Dienstleistung auszeichnet – ist es eindeutig zu früh, um über eine Markenallianz nachzudenken. Erfolgreiche Marketing-Kooperationen gleich welcher Couleur haben eins gemeinsam: Sie basieren auf einem klaren Blick auf die eigene Positionierung und die Ziele, die die Partner mit der Zusammenarbeit verbinden. Im dritten Kapitel (*Work smarter, not harder!*) finden Sie hierzu einen Masterplan.

Ideen für kleinere Unternehmen

Auch wenn die Produkte großer Organisationen die Diskussion über Co-Branding dominieren, können kleinere Unternehmen von Markenallianzen profitieren, wie die Erfolgsgeschichte von „Witzigmann Palazzo – das völlig verrückte Restaurant-Theater im Spiegelpalast" beweist. Die neuartige Kombination von gehobener Gastronomie und Show zog über Jahre pro Spielzeit Zigtausende von Besuchern an. Daneben haben beispielsweise Buchverlage die Möglichkeiten des Co-Branding längst erkannt, wenn sie Wiso-Ratgeber oder Handelsblatt-Bibliotheken herausbringen. Weitere denkbare Modelle:

- Nehmen wir an, Sie führen eine Landmetzgerei mit etlichen Filialen in Ihrem Kreisgebiet und haben sich einen guten Ruf für exzellente Fleisch- und Wurstwaren erworben. Seit Jahren vermarkten Sie bestimmte Waren unter der Marke „Meyer's Beste!". Nehmen wir ferner an, Sie beliefern regelmäßig den Caterer Müller mit Zutaten für seine Menüs und Buffets. Co-Branding könnte darin bestehen, ein „Meyer-Müller-Premium-Buffet" für besondere Anlässe anzubieten.
- Ähnlich könnte ein ambitionierter Weinbauer sich mit einem Schlosshotel zusammentun und einen „Riesling Schlosshotel XYZ" anbieten (wobei das Co-Branding mit einer Vertriebspartnerschaft einherginge).
- Nehmen wir an, Sie sind Trainer und haben erfolgreich eine expandierende Knigge-Akademie aufgebaut. Möglicherweise könnten Sie Ihr Geschäft durch ein Co-Branding mit einem 5-Sterne-Hotel befördern. Mit einem „Ritz-Carlton-Seminar: Der 5-Sterne-Knigge" könnten Sie ein zugkräftiges Produkt mit Menü und Manierentipps im Sternehotel anbieten.

Marke als Bestandteil anderer Markenprodukte

Für Mittelständler ist auch das Instrument des „Ingredient Branding" interessant, bei dem eine Marke als Bestandteil anderer Markenprodukte gestärkt wird – denken Sie etwa an das kleine Schildchen „Intel Inside", das vielleicht auch auf Ihrem Computer klebt. Verbreitet ist diese Form der Markenkooperation auch im Automobilbereich, wo mit Autositzen von Recaro, Radio von Blaupunkt und Scheinwerfern von Hella geworben wird. Warum sollte nicht Ihr Logo auf Webseiten prangen, wenn Sie es zum begehrten Webdesigner gebracht haben? Nicht ohne Grund achtet beispielsweise der Softwareanbieter mailingwork, der unter anderem die einfache Erstellung von HTML-Newslettern ermöglicht, auf die Platzierung seines Logos am Ende der versandten Newsletter. Dort steht in frischen Farben „Powered by mailingwork". Auch von dieser Zusammenarbeit profitieren beide Seiten: Das IT-Unternehmen macht durch den Hinweis seine Dienstleistung bekannt und etabliert die Marke, der Versender des Newsletters unterstreicht seine Professionalität, weil er mit einem bewährten System arbeitet.

Ein neues, gemeinsames Produkt zu schaffen erfordert eine sehr enge Zusammenarbeit zwischen den Partnern, die über gemeinsame Werbeaktivitäten oder Vertriebskooperationen hinausgeht. Markenexperten wie Carsten Baumgart und Karsten Kilian halten deshalb zu Recht „eine Kompatibilität der Unternehmenskulturen und der beteiligten Manager" für wichtig.[27] Beim Co-Branding muss man intensiv zusammenarbeiten, und dafür sollte die Chemie stimmen. Angesichts des Quantums an Zeit, Geld und Energie, das Sie in den Aufbau Ihrer Marke gesteckt haben, werden Sie sich genau anschauen, wem Sie Ihren guten Namen zur Verfügung stellen:

- Passen die Images der Marken zusammen? Welche Eigenschaften verbinden Kunden mit Ihrer Marke und mit der Ihres Partners? Auch wenn Sie kein Marktforschungsunternehmen beauftragen, können Sie Ihre eigene Einschätzung durch Internetrecherche über den Partner (Presseberichte, Kundeneinschätzungen, Testberichte) überprüfen und selbst eine Auswahl Ihrer Kunden befragen.
- Welche neue Dimension bekommt Ihre Marke durch die Kooperation? Ist es das, was Sie anstreben? Volkswagen wollte mit dem Golf-Modell „Bon Jovi" die Marke sicherlich verjüngen und modernisieren. Was wollen Sie?
- Überzeugt das angedachte Produkt? Finden Kunden die geplante Kombination schlüssig und wären sie bereit, für das neue Angebot Geld auszugeben? Auch in diesem Punkt bringt Sie ein Meinungsbild weiter.
- Profitieren beide Partner gleichermaßen von der Kooperation? Oder könnte sich die Waage stark zu einer Seite neigen – wie bei Henkel und Alessi beim FreshSurfer fürs WC?

Eine weitere Möglichkeit, die eigene Marke zu verwerten, ist die Vergabe von Lizenzen an andere Unternehmen. „Lizenzmarketing" wird vor allem im Zusammenhang mit der Verwertung von Markennamen für andere Produktformen diskutiert – Beispiele sind Porsche-Brillen, Joop-Parfum oder Esprit-Bettwäsche. Der Lizenznehmer (Brillenhersteller, Parfümeur, Wäschefabrikant) erwirbt in diesen Fällen vom Markeninhaber gegen eine Gebühr die Lizenz zur Nutzung des Markennamens. Auf diese Weise wertet er das eigene Produkt auf und kann höhere Preise erzielen. Der Lizenzgeber erhält im Gegenzug zwischen 3 und 12,5 Prozent vom Umsatz.[28] Solange der Markt nicht mit Lizenzprodukten unterschiedlicher Art überschwemmt und dadurch die Ausgangsmarke entwertet wird, ist das bei solider Kalkulation eine klassische Winwin-Situation.

Für Freiberufler und Mittelständler kann Lizenzierung eine interessante Form der Unternehmenskooperation sein, wenn sie auf diese Weise ihr Know-how wirksam zu Geld machen und gleichzeitig den eigenen Bekanntheitsgrad steigern. Jay Abraham nennt in diesem Zusammenhang das Beispiel eines Holzhändlers, der ein besonderes Trocknungsverfahren für Feuerholz entwickelt hatte und seinen Umsatz über eine Lizenzierung dieses Verfahrens an Händler außerhalb seines Einzugsgebiets beträchtlich steigern konnte – ein weiteres Beispiel dafür, dass selbst potenzielle Konkurrenzunternehmen sinnvoll kooperieren können.[29] Weitere Beispiele für diese Form der Markenverwertung:

Eigenes Know-how zu Geld machen

- Trainer lizenzieren erfolgreiche Seminarkonzepte, indem sie Lizenztrainer ausbilden und für die Nutzung von Seminartitel, Inhalt und Methode an den Seminarerlösen beteiligt sind.
- Ein Sternekoch vergibt eine Lizenz an eine Bäckerei-Kette. So entsteht das Schuhbeck-Baguette, das erheblich teurer ist als eine herkömmliche Brotstange.

Bei der Vergabe solcher Nutzungsrechte wie auch beim Ingredient Branding oder Co-Branding empfiehlt sich natürlich eine saubere juristische Klärung, die von der Eintragung eigener Rechte bis zu wasserdichten Lizenzverträgen reicht. Lassen Sie sich von einschlägigen Fachanwälten beraten.

Im Überblick:

Kooperations- form:	Markenallianzen (Co-Branding) (Kooperation mindestens zweier etablierter Marken)
Erläuterung:	Partner A und Partner B bringen jeweils ihre Marke in ein neues Produkt ein, bei dem beide Marken weiterhin deutlich erkennbar sind. Andere Formen der Marken- kooperation sind „Ingredient Branding" (Produkt/Marke 1 ist Bestandteil von Produkt/Marke 2) und die Vergabe von Lizenzen für eine etablierte Marke.
Beispiele:	1. Co-Branding: Jacobs Choco Cappuccino (Jacobs Kaffee und Milka Schokolade); Buchreihen wie Wiso-Ratgeber (Campus Verlag und das ZDF- Magazin Wiso); Witzigmann Palazzo (Sternekoch und Revue). 2. Ingredient Branding: Newsletter sind mit Soft- ware-Hinweis „Powered by mailingwork" gekennzeichnet. 3. Lizenzvergabe: Eine Bäckerei-Kette vertreibt ein Schuhbeck-Baguette.
Geschäfts- modell:	Enge Zusammenarbeit zur Kreierung eines neuen Produktes (verschiedene Marken unter einem Unternehmensdach oder verschiedene Unternehmen, die ihre Marke einbringen), das neue Kundengruppen erschließt. Bei Ingredient Branding Aufwertung eines Produktes durch einen Markenbestandteil; bei Lizenzierung Erwerb eines positiven „Marken-Siegels".
Instrumente:	Synergien in der Produktentwicklung wie im Marketing.
Schlüssel- fragen:	▪ Passen die Marken(images) zusammen? ▪ Entsteht ein attraktives Produkt für den Ver- braucher? ▪ Ist sicher gestellt, dass die eigene Marke keinen Schaden nimmt?

Professionelle Vermittlung: Brokering

Marketing-Kooperationen sind mehr als ein nüchternes Geschäftsmodell. Dahinter steckt eine ganze Business-Philosophie: gegenseitiger Benefit statt Konkurrenzdenken und clevere Strategien, die dem Geschäft Schub verleihen, statt mühsamer kleiner Schritte. Wer vom Joint-Venture-Virus einmal infiziert ist, kommt nicht mehr davon los. Für den US-Jungunternehmer Chris Rempel sind Kooperationen schlicht „the absolute coolest way to make money on the planet".[30] Noch vor wenigen Jahren zimmerte Rempel als Neunzehnjähriger Skateboards in einer Garage zusammen, heute kann er für eine Stunde Telefonberatung in Sachen Joint Venture Marketing 475 Dollar in Rechnung stellen.[31] Dazwischen lagen der erfolgreiche Einstieg ins Internetgeschäft, in dem er über Marketing-Kooperationen rasch bekannt wurde, und eine wachsende Nachfrage nach seinem Know-how über Kooperationsstrategien. Marketingguru Jay Abraham ist mit der Vermittlung von Kooperationen in den verschiedensten Branchen sogar zum Multimillionär geworden.

Hierzulande haben inzwischen einige Agenturen das Geschäft mit Marketing-Kooperationen entdeckt und werben mit Slogans wie „Kosten teilen – Erfolg verdoppeln" um Kunden.[32] Vielfach zielen diese Anbieter jedoch auf die üppigen Etats großer Werbekunden. Doch bevor Sie ein schickes Loft mieten und eine Handvoll karrierehungriger Jungberater anheuern: Marketing-Kooperationen leben wesentlich von der cleveren Idee. Und sie sind nicht nur für Nivea oder Adidas lukrativ, sondern gerade auch für kleinere und mittlere Unternehmen, wie wir anhand zahlreicher Beispiele gesehen haben. Interessant wird es schon, wenn ein Marketingberater den Kontakt zwischen einem lokalen Telekommunikationsgroßhändler und einer ortsansässigen Reparaturwerkstatt für Mobilfunkgeräte herstellt. Als Joint Venture Broker brauchen Sie daher vor allem Ideen und Kontakte. Die Kernidee des Brokering besteht darin, die richtigen Partner zusammenzubringen und über eine Erfolgsprovision an deren Umsatzzuwächsen beteiligt zu sein.

Wie können Sie sich als Makler von Marketing-Kooperationen etablieren? Einige Hinweise:

- Sie sollten selbst Erfahrung im Business und Marketing-Kompetenz besitzen. Unternehmerisches Denken wird in Stellenanzeigen gerne gefordert. Hier ist es wirklich gefragt! Ein guter Kooperationsmakler hat eine Nase für profitable Partnerschaften.
- Sie leben in diesem Geschäft von Ihrem guten Ruf. Der ist langfristig aufgebaut – und schnell zerstört, wenn Sie zu viele Fehler machen. Hüten Sie sich daher vor leeren Versprechungen und bauen Sie Ihr Business behutsam auf.
- Am besten zielen Sie auf Branchen, in denen Sie sich gut auskennen – etwa, weil sie selbst dort gearbeitet oder sehr gründlich recherchiert und sich mit Branchenkennern ausgetauscht haben. Beginnen Sie mit Partnern, die Sie sich auch zutrauen. Sammeln Sie Erfahrung in überschaubarem Rahmen und kooperieren Sie mit Unternehmensvertretern, denen Sie selbstbewusst und souverän gegenüber treten können. Gleich beim Start in der Hoffnung auf den „Big Deal" Projekte in den Sand zu setzen, bringt Sie nicht weiter.
- Bahnen Sie Kontakte langfristig an. Idealerweise lernt man Sie in anderen Kontexten kennen und hat bereits Vertrauen zu Ihnen gefasst, bevor ein Projekt im Raum steht. Arbeiten Sie in Branchennetzwerken mit, veröffentlichen Sie Ihre Ideen in Fachartikeln, halten Sie Vorträge (in Netzwerken, bei der IHK, auf Fachtagungen), geben Sie Seminare zum Thema. Idealerweise kommen Kunden auf Sie zu statt umgekehrt.
- Arbeiten Sie an Ihrer Selbstdarstellung, machen Sie glasklar, worin Ihre Dienstleistung besteht und welchen Mehrwert Sie Ihren Kunden bieten. Das gilt für Ihre Website wie für Ihre kurze Selbstpräsentation, wenn Sie einen neuen Kontakt knüpfen. Profis haben ein zündendes Ein-Satz-Statement und eine schlüssige Kurzpräsentation (den bekannten „Elevator Pitch") parat.
- Suchen Sie sich zuverlässige und kompetente Kooperationspartner für die Parts der Kooperationsanbahnung, die Sie selbst nicht abdecken – etwa Juristen für wasserdichte Vertragsentwürfe, Steuerberater für optimierte Kostenersparnis,

Designer und Werbegrafiker für optische Umsetzung von Marketingideen, Web-Spezialisten für Online-Aktionen, eine Eventagentur für Cross-Promotion-Aktionen usw. Mit anderen Worten: Gründen Sie Ihr Powerteam und promoten Sie Ihre Dienstleistung über Marketing-Kooperationen. Alles andere wäre ohnehin befremdlich, oder?!

Bei der Anbahnung konkreter Kooperationen kommt es auf eine solide Einschätzung der Erfolgsaussichten eines Projektes an, aber auch auf Ihre Überzeugungskraft. Gerade die enormen Vorteile, die Marketing-Kooperationen bieten – fast mühelos mehr Umsatz, bei vielen Modellen geringe Kosten und große Chancen – sind geeignet, Kunden misstrauisch zu machen: Kann es wirklich so einfach sein? Wo ist der Haken? Sprechen Sie eine einfache, klare Sprache. Präzisieren Sie Ihren Vorschlag mit Beispielrechnungen („Wenn nur jeder 20. Kunde im Rahmen eines Host/Beneficiary-Modells auf die Produkteinführung durch den Gastgeber reagiert und bestellt, bedeutet das einen Mehrumsatz von x Euro"). Entlasten Sie die Kooperationspartner so weit wie möglich, etwa, indem Sie Mailings vorbereiten, Newslettertexte liefern, Events konzipieren. Bieten Sie eine Honorierung auf Erfolgsbasis an – kurz: Räumen Sie Bedenken aus dem Weg und senken Sie die Hürden für ein Ja zum Deal so weit wie möglich. Weitere Anregungen dazu, wie Sie im Gespräch mit Kunden überzeugen, finden Sie im Kapitel *Just do it! Marketing-Kooperationen umsetzen*.

Überzeugend argumentieren

Im Überblick:

Kooperations-form:	**Brokering** (Vermittlung von Kooperationen zwischen möglichen Partnern)
Erläuterung:	Ein Broker/Vermittler entwickelt eine Kooperations-idee für potenzielle Partner und organisiert die Marketing-Kooperation auf der Basis einer Erfolgsbe-teiligung. Dabei kann er sich im Auftrag eines Partners auf die Suche machen oder eigenständig ein Konzept entwickeln und dafür Projektpartner suchen.
Beispiel:	Ein Marketingberater stellt den Kontakt zwischen einem Telekommunikationsgroßhändler und einer Reparaturwerkstatt für Mobilfunkgeräte her.
Geschäfts-modell:	Verwirklichung der Kooperationspotenziale Dritter.
Instrumente:	Alle Modelle für Marketing-Kooperationen.
Schlüssel-fragen:	■ In welcher Branche, in welchen Bereichen verfügen Sie über profunde Kenntnisse? ■ Haben Sie eine „Spürnase" für Kooperationsideen? ■ Wie machen Sie potenzielle Kunden geschickt auf sich aufmerksam? ■ Mit welchen Projekten könnten Sie starten, um die ersten Erfolge zu erzielen und damit Referenzen zu erwerben?

Checkliste: Ihre Möglichkeiten

Marketing-Kooperationen sind vielfältig. Hier die Möglichkeiten abschließend auf einen Blick:

☐ Sie können sich einen Partner suchen, der Ihr Produkt seinen Kunden empfiehlt, und damit selbst neue Kunden gewinnen.

☐ Sie können ein Produkt des Partners Ihren Kunden empfehlen und dafür eine Erfolgsprovision einstreichen.

☐ Sie können Coupons oder Produkt-Geschenke Ihres Partners verteilen und Ihren Kunden damit etwas Gutes tun (Kundenbindung).

☐ Sie können Ihr Produkt über einen Partner bekannt machen und Neukunden gewinnen, indem Sie Coupons oder Produkt-Geschenke zur Verfügung stellen.

☐ Sie können als Sponsor mit Geldleistungen positiv auf sich aufmerksam machen oder mit Sach- und Dienstleistungen Ihr Angebot potenziellen Kunden vorstellen.

☐ Sie können durch gemeinsame Werbeaktionen mehr Kunden erreichen, und zwar ohne zusätzliche Werbekosten – indem Ihr Partner und Sie sich gegenseitig ein Forum bieten.

☐ Sie können mit einem Partner öffentlichkeitswirksame Gewinnspiele, Treueaktionen oder Events veranstalten.

☐ Sie können sich über einen Medienpartner als Experte profilieren und auf diese Weise neue Kunden ansprechen.

☐ Sie können einen Querverkauf mit einem Partner organisieren und damit Ihre Verkäufe erhöhen.

☐ Sie können durch eine Vertriebspartnerschaft neue Märkte erschließen, ohne mühsam selbst einen Vertriebskanal aufzubauen.

☐ Sie können mit einem Partner Produkte und Dienstleistungen zu einem Komplettangebot bündeln und auf diese Weise eine attraktive Alleinstellung am Markt erreichen.

☐ Sie können durch Markenallianzen neue Produkte entwickeln, die vom Image bewährter Marken profitieren und damit einen erheblichen Startvorteil im Wettbewerb besitzen.

☐ Sie können Ihr Know-how in Sachen Marketing-Kooperationen als Broker oder Vermittler gewinnbringend einsetzen.

Sie können Ihrem Unternehmen einen enormen Schub geben, wenn Sie die Chancen von Marketing-Kooperationen systematisch nutzen! Wer sich einmal für dieses Konzept begeistert hat und mit offenen Augen durch die Welt geht, stößt fast täglich auf neue Beispiele. Wenn es Ihnen so geht, fragen Sie sich immer: Welche Strategie könnte ich übernehmen? Ist das ein Ansatz, den ich variieren und auf mein Business zuschneiden könnte?

Doch Ideen zu entwickeln ist das eine, sie besonnen zu prüfen und durchdacht umzusetzen ist das andere. Wie Sie Ihre Marketing-Kooperation Schritt für Schritt planen, lesen Sie im nächsten Kapitel.

3. Work smarter, not harder!: Marketing-Kooperationen planen

„Wer Erfolg haben will, muss arbeiten. Wer mehr Erfolg haben will, muss noch mehr arbeiten." In Beratungsgesprächen mache ich die Erfahrung, dass diese simple Gleichung in vielen Köpfen steckt. Sie führt nicht selten dazu, dass selbst mäßig erfolgreiche Strategien unbeirrt weiterverfolgt werden. Das letzte Mailing an 1.000 Kunden brachte wenig Resonanz? Dann muss ein neues her, dieses Mal eben an 2.000 Adressen. Die Möglichkeit, dass Mailings im vorliegenden Fall der falsche Weg sein könnten, gerät dabei aus dem Blickfeld. Denn: Viel hilft nicht immer viel. Entscheidend ist, den Hebel an der richtigen Stelle anzusetzen. Marketing-Kooperationen setzen auf eine optimale Hebelwirkung, frei nach dem US-Motto „Work smarter, not harder!" – cleverer arbeiten, statt härter. Das setzt vor allem eines voraus: gründliche Planung. Die wichtigsten Ausgangsfragen lauten: Wo stehe ich/wie ist meine Positionierung? Wer ist meine Zielgruppe? Und was will ich erreichen?

Optimale Hebelwirkung

Den eigenen Standort bestimmen

„Ohne Klarheit über das eigene Markenprofil und die Ziele ist Kooperationsmanagement ein Entenschießen im Nebel!", warnt Professor Peter Schütz von der FH Hildesheim.[1] Der Mann hat zweifellos recht: Sie können kaum entscheiden, wer zu Ihnen passt und welche Ziele Sie mit einer Marketing-Kooperation verfolgen wollen, wenn nicht glasklar ist, wofür Sie selbst stehen. Daran hängt neben einer schlüssigen Kooperationsstrategie auch Ihre Überzeugungskraft beim Anbahnen von Kooperationen.

Markenprofil definieren

Wer bin ich? (Ihre Positionierung)

Bitte fassen Sie spontan in einem Satz zusammen, wofür Ihr Unternehmen steht:

Halt! Bitte nicht gleich weiterlesen! Wenn Sie über den erfragten Satz erst einmal länger nachdenken müssten oder wenn der Platz oben bei weitem nicht ausreichen würde, ist Ihre Positionierung vielleicht noch nicht so eindeutig, wie wünschenswert wäre. Das ist mehr als graue Marketingtheorie: Positionierung beantwortet die Frage, „was das Produkt leistet, und für wen", definierte Werbepapst David Ogilvy einmal kurz und bündig. Produkte oder Dienstleistungen ohne deutlichen Kundennutzen und klare Zielgruppe haben es am Markt schwer. In den meisten Bereichen herrscht heute ein gnadenloser Verdrängungswettbewerb. Wer seinen Kunden nicht klar machen kann, wofür er steht und weshalb sie gerade bei ihm kaufen sollten, läuft Gefahr, im ruinösen Preiskampf unterzugehen. Wenn alles gleich aussieht, entscheidet eben der Preis.

Ein einfaches Beispiel: In einem gutbürgerlichen Stadtviertel in Frankfurt befinden sich in einem Radius von 500 Metern nicht weniger als elf Friseure. Allein im letzten halben Jahr haben drei neue Studios aufgemacht. Auch wenn die Kaufkraft im Viertel hoch ist, wachsen die Haare hier nicht schneller als anderswo. Weshalb sollte ein Kunde zu einem der neuen Friseure wechseln? Wonach soll er überhaupt entscheiden, welcher Friseur für ihn oder sie der beste ist? Die Kreativität der Unternehmer erschöpft sich leider häufig schon im fantasievollen Namen – von „Romeo & Julia" über „Hairbeauty" bis „Reflection Friseurteam". Ansonsten bieten alle anscheinend das Gleiche: waschen, schneiden, föhnen, um im Branchenjargon zu bleiben.

Der allgemeine Kundennutzen mag klar sein: frisieren. Er böte jedoch zumindest in einer größeren Stadt die Möglichkeit der unterschiedlichsten Positionierungen, etwa über

Sich anders positionieren

- Altersgruppen (Kinder, junge Leute, Senioren)
- Berufsgruppen (z. B. Business-Friseur mit Terminen frühmorgens und spätabends)
- Know-how (z. B. Spezialist für Problemhaar)
- Anlässe (z. B. Spezialist für festliche Frisuren zu allen Anlässen)
- Kundenwünsche (z. B. Spezialist für Haarverlängerung/Haarverdichtung, Farbspezialist)
- Preise (z. B. Niedrigpreise mit „Cut & Go" für 20 Euro; Hochpreissegment für neueste Trends, etwa „London Looks")

Eine solche Positionierung hat Auswirkungen auf Namenswahl, Einrichtung und Ambiente, Einstellungspraxis, Werbemaßnahmen – und natürlich auch auf die Auswahl möglicher Kooperationspartner und die Planung konkreter Marketingmaßnahmen. Wer sich als Trendfriseur für junge Leute etablieren will, denkt in eine andere Richtung als der Traditionsfriseur, der auf Damen und Herren jenseits der 50 zielt.

Nicht zufällig taucht in der Liste zuvor mehrfach der Begriff „Spezialist" auf. „Nur wer sich von anderen unterscheidet, Alleinstellungsmerkmale hat und für eine besondere Spezialisierung bzw. Zielgruppe steht, wird in Zukunft profitabel arbeiten", schreibt Peter Sawtschenko, Spezialist für Positionierungsstrategien von kleinen und mittelständischen Unternehmen.[2] Viele Unternehmen, aber auch Freiberufler, schrecken vor einer eindeutigen Spezialisierung zurück, weil sie Umsatzeinbußen befürchten, wenn sie sich mit ihrem Angebot an ganz bestimmte Kunden richten. Lieber möchten sie „alle" glücklich machen. Häufig erreichen sie mit dieser Bauchladenstrategie fatalerweise genau das Gegenteil: Sie werden austauschbar und verlieren gerade dadurch Umsatz. Wer ein stimmiges, klares Profil hat, zieht dagegen Kunden an: Für einen Friseur, der die neuesten „London Looks" bietet oder Businesstermine vor 8:00 Uhr und bis 23:00 Uhr, würden Großstadt-

Spezialisten gesucht

kunden wahrscheinlich auch eine Fahrt mit der U-Bahn in Kauf nehmen. (Im 500-Seelen-Dörfchen oder in der Kleinstadt müsste die Positionierung naturgemäß anders aussehen.)

Zwei Fragen sind zentral, wenn es um eine eindeutige Positionierung geht:

Was unterscheidet Ihr Produkt/Ihre Dienstleistung vom Angebot Ihrer Wettbewerber?

Warum sollte Ihr Kunde gerade bei Ihnen kaufen?

Wenn Sie diese Fragen schlüssig beantworten können, sind Sie in Ihrer Positionierung schon einen entscheidenden Schritt weiter: Sie haben Ihr Alleinstellungsmerkmal, Ihre USP (Unique Selling Proposition) gefunden. Laufen Sie dabei nicht in drei übliche Positionierungsfallen:

Positionierungsfallen vermeiden

1. Die Bauchladenstrategie: Alles für alle anbieten
Gefahren: Verzettelung, Austauschbarkeit, Zweifel an der Kompetenz des Anbieters.

Beispiel: ein Anwalt, der alle Rechtsgebiete abdeckt. Wer seine Erfolgschancen optimieren will, sucht lieber einen einschlägigen Fachanwalt auf. Positivbeispiel: eine freie Grafikerin, die sich auf die Gestaltung von Unternehmensbüchern spezialisiert hat, und dafür mit Textern kooperiert. Ergebnis: viele Empfehlungen und volle Auftragsbücher.

2. Graue Durchschnittlichkeit: Mittelmaß im mittleren Preissegment
Gefahr: ruinöser Preiswettbewerb durch Vielzahl der Wettbewerber. Marketingexperten warnen inzwischen vor der „toten Mitte", die Kunden verliert, während das Exklusiv- und das Preiswertsegment boomen.

Beispiel: traditionelle Textilketten wie SinnLeffers, die von Insolvenz bedroht sind. Positivbeispiel: expandierende Ketten wie Zara oder H&M, die für günstige junge Mode stehen.

3. Gesichtslosigkeit: Pseudo-Argumente statt echte Alleinstellungsmerkmale
Gefahr: Austauschbarkeit, Gleichgültigkeit der Kunden.

Beispiel: Sind Sie auch „pünktlich, zuverlässig und termintreu"? Bieten Sie ein „optimales Preis-Leistungs-Verhältnis"? Wird auch bei Ihnen „Kundenservice groß geschrieben"? So etwas lesen Kunden in neun von zehn Werbetexten. Kein Wunder, dass sie gähnen müssen. Positivbeispiel: ein Dienstleister, der einen „Rund-um-die-Uhr-Service" anbietet, „24 Stunden am Tag, 7 Tage die Woche".

Den Königsweg für eine erfolgreiche Positionierung bringt Marketingguru Jay Abraham so auf den Punkt: „Ein erfolgreiches Geschäft beginnt nicht mit einer großartigen Idee oder einem tollen Produkt, sondern mit dem Wunsch, für das Problem eines anderen eine Lösung zu finden."[3] Um zum Friseurbeispiel zurückzukehren: Der Business-Friseur löst das Problem „keine Zeit zum Friseur zu gehen" durch ungewöhnliche Öffnungszeiten; der Senioren-Friseur das Problem „Schwellenangst" vor jungem, möglicherweise arrogantem Personal und allzu „hipper" Inneneinrichtung. Eine klare Positionierung gibt Ihrem Kunden das Gefühl, dass er bei Ihnen an der richtigen Adresse ist. Schlüpfen Sie dafür in die Schuhe Ihrer Kunden: Was wollen sie? Wenn Sie in diesem Punkt unsicher sind, fragen Sie sie! Dafür brauchen Sie kein Marktforschungsinstitut, sondern ein paar gesprächsbereite Kunden. Stellen Sie beispielsweise folgende Fragen (siehe nächste Seite).

Problemlösung bieten

- Was gefällt Ihnen gut an unserem Angebot?
- Was gefällt Ihnen nicht so gut?
- Was könnten wir konkret verbessern?
- Was würden Sie sich wünschen? Durch welches Angebot könnten wir Sie begeistern?

Vorteile der Spezialisierung

Auch für Sie selbst hat eine Spezialisierung eine Reihe von Vorteilen: Sie lernen Ihre Zielgruppe immer besser kennen, können sich (noch) besser auf ihre Wünsche und Probleme einstellen, richten Marketing und eigene Weiterbildung gezielt darauf aus und werden so zum gefragten Experten. Positionierungsexperte Peter Sawtschenko stellt in einem sehr empfehlenswerten Praxisbuch die Möglichkeiten der Ausrichtung eines Unternehmens für kleine und mittelständische Betriebe mit vielen Beispielen vor.[4] Hier im Überblick seine wichtigsten Positionierungsstrategien:

Positionierungsstrategien im Überblick

1. *Spezialisierung auf eine Zielgruppe*
   Vorteil: Nummer eins im Kopf der Zielgruppe werden. Erfolgsbeispiel: eine physiotherapeutische Praxis, die sich ganz auf Menschen mit Rückenproblemen konzentriert und als „Rücken Vital Zentrum" firmiert.

2. *Besetzen einer Marktnische*
   Vorteil: ein einzigartiges Angebot, das sich herumspricht. Erfolgsbeispiel: eine bundesweit tätige Beratungsfirma, die sich ausschließlich an Gastronomiebetriebe wendet, und zwar mit einem speziellen Finanzbuchhaltungssystem, das jederzeit Kostentransparenz garantiert und auf drohende Liquiditätsengpässe hinweist. Damit wird ein Kernproblem der Zielgruppe gelöst, nämlich trotz guter Umsätze in die Pleite zu wirtschaften.

3. *David-gegen-Goliath-Positionierung*
   Vorteil: ein Angebot, das für Kunden attraktiv ist, weil es das abdeckt, was die Großen nicht leisten können.
   Erfolgbeispiel: ein EDV-Service, der Privatleute beim Computerkauf berät, den passenden PC zusammenstellt oder ggf. baut, Programme installiert etc.

4. *Konzentration auf ein „brennendes Problem"*[5]
   Vorteil: Bedürfnisse und Wünsche einer homogenen Zielgruppe werden passgenau bedient.
   Erfolgsbeispiel: ein Profi-Baudienstleister für anspruchsvolle Bauherren, der die übrigen Dienstleister koordiniert und überwacht und den Bauherren vor allen „Katastrophen" bewahrt.

5. *Positionierung über den Service*
   Vorteil: echte Kundenbegeisterung durch Ausnahme-Service.
   Erfolgsbeispiel: ein Autohaus, das kleine wie große Kunden gleichermaßen fair und freundlich bedient und einen exzellenten Reparaturservice bietet (Wagenabholung, kostenloses Ersatzfahrzeug).

6. *Positionierung über den Preis*
   Vorteil: attraktiver Kundennutzen (allerdings mit der Gefahr, dass Mitbewerber irgendwann noch billiger werden).
   Erfolgsbeispiel: alle Anbieter, die ihren Kunden eine „Bestpreisgarantie" bieten.

7. *Positionierung über das Produkt*
   Vorteil: eine Marke, der die Kunden treu bleiben (allerdings mit der Herausforderung, eine solche Marke über gezielte Markenführung im Kundenkopf zu verankern).
   Erfolgsbeispiel: Markenprodukte, die es sogar geschafft haben, zu Gattungsnamen zu werden (Tempo, Google). Das kann auch Mittelständlern regional gelingen – siehe das Beispiel „Wacker's Kaffee" im zweiten Kapitel.

8. *Positionierung über Innovationen*
   Vorteil: der Erste im Markt zu sein, mit entsprechendem Wettbewerbsvorteil (neues Produkt, neue Technologie).
   Erfolgsbeispiel: Apple (das dünnste Notebook, iPhone, iPod etc.), für den Mittelstand beispielsweise der Holzhändler mit dem neuen Trocknungsverfahren (Kapitel 2).

9. *Positionierung über Garantien*
   Vorteil: Abbau von Kaufhemmschwellen beim Kunden.
   Erfolgsbeispiel: Lands' End, der Versender, der seinen Kunden
   ein unbeschränktes Rückgaberecht gewährt.

10. *Positionierung über Kommunikation*
    Vorteil: in einem dicht besetzten Markt zu etwas Besonderem
    werden.
    Erfolgsbeispiel: der Spreewaldhof, der seine Gurken erfolg-
    reich in kleinen Dosen als trendiges Lifestyle-Produkt vertreibt
    („Get One!").

**Vor diesem Hintergrund noch einmal zurück zu unserer Eingangsfrage:
Wofür steht Ihr Unternehmen – in einem Satz:**

Wen will ich erreichen? (Ihre Zielgruppe)

Klarheit über die eigene Zielgruppe ist für gezieltes unternehmerisches Handeln unerlässlich. Bei Marketing-Kooperationen ist die
Zielgruppe Ihr Kompass bei der Partnersuche – schließlich suchen
Sie „Zielgruppenbesitzer", mit denen Sie sich sinnvoll verbünden
können. Wie sieht Ihre *aktuelle* Zielgruppe aus?

**Bitte beschreiben Sie Ihren „idealen" Kunden (wenn Sie verschiedene
Produkte für unterschiedliche Kundengruppen anbieten, wählen Sie am
besten das Produkt, das Sie in eine Marketing-Kooperation einbringen
möchten). An wen verkaufen Sie am liebsten?**

Stellen Sie sich Ihren Kunden möglichst konkret vor: Wie alt ist
er? Welches Geschlecht hat er? Wo wohnt er? Zeichnet er sich
durch einen bestimmten Bildungsabschluss oder sonstige Merkmale aus?

Die Abgrenzung von Zielgruppen ist eine der Schlüsselaufgaben
im Marketing und beschäftigt Heerscharen von Marktforschern.
Besonders wichtig sind dabei die Merkmale, die man zur Beschreibung von Zielgruppen heranzieht. Traditionell arbeitet die
Marktforschung dabei mit demografischen Merkmalen:

Demografische
Merkmale

- bei Konsumenten (B2C) – Alter und Geschlecht, Nationalität,
  Wohnort, Familienstand, Beruf, Einkommen, Ausbildung (bei
  Endverbrauchern) bzw.
- bei Unternehmen (B2B) – Branche, Umsatz, Mitarbeiterzahl,
  Zahl der Niederlassungen.

Daneben bestimmen aber auch so genannte psychografische Merkmale das Konsumverhalten: Einstellungen, Motive und Werthal-
tungen. Nicht jede(r) Akademiker(in) mit einem monatlichen Net-
toeinkommen von über 3.000 Euro kauft eben im Bioladen ein.
Persönliche Motive und Lebenssituation entscheiden darüber, ob
man den Discounter oder das Feinkostgeschäft vorzieht oder als
„Smart Shopper" sein Geld mal hier, mal da ausgibt. Vielleicht haben Sie in dem Zusammenhang schon von den „Sinus Milieus" des
Instituts Sinus Sociovision gehört, mit denen Wertorientierungen
und Lebensauffassungen systematisiert werden sollen. Die Forscher
postulieren etwa Zielgruppen wie Traditionsverwurzelte, DDR-
Nostalgische, Konsum-Materialisten, Hedonisten, Bürgerliche Mitte, Moderne Performer, Etablierte usw.[6] Das erinnert ein wenig an
modische Zielgruppenbeschreibungen, die immer wieder durch
die Agenturen geistern und irgendwann auch die breite Öffentlich-
keit erreichen: an DINKs (Double Income No Kids), WOOFs (Well
Off Older Folks) oder neuerdings an LOHAS (Lifestyle Of Health
and Sustainability) oder LOVOS (Lifestyle of Voluntary Simplicity).[7]

Psychografische
Merkmale

Fakt ist: Es gibt keine eindeutigen, allgemein verbindlichen Zielgruppenbeschreibungen, auf die man sich im Marketing geeinigt hätte. Vielmehr werden im Zusammenhang mit bestimmten Produkten (oder Produktvorhaben) Zielgruppen konstruiert, sodass sich prinzipiell für jedes neue Produkt auch eine passende Zielgruppenbeschreibung finden lässt. Fraglich ist dann eher, ob diese Zielgruppe auch bereit ist, für das Produkt Geld auszugeben bzw. ob sie groß genug ist, um wirtschaftlich interessant zu sein. Der Berater und langjähriger Marketingleiter Dr. Jürgen Kaack bringt dieses Dilemma der Zielgruppenanalyse auf den Punkt: „Was funktioniert, das passt."[8] In einem nützlichen Überblick zum Thema Zielgruppenanalyse, den Sie auch im Internet herunterladen können,[9] lenkt Kaack die Aufmerksamkeit auf folgende Zielgruppenmerkmale:

- demografische Merkmale (siehe oben)
- Einstellungen etwa zu Umwelt, Religion, Politik; persönliche Werte (Produktbeispiel: TransFair-Kaffee)
- Preissensibilität („Geiz ist geil!" oder „… weil ich es mir wert bin")
- individuelle Vorlieben wie persönlicher Geschmack und emotionale Motive (Produktbeispiel: der Geländewagen für Stadtmenschen)
- Kaufentscheidungsprozess, beispielsweise Spontankäufer oder professionelle Einkäufer
- Nutzungsverhalten, beispielsweise Vielnutzer versus Gelegenheitsnutzer (Produktbeispiel: verschiedene Handyverträge)
- Lebens- bzw. Unternehmenssituation, etwa Ausbildungsende, Umzug, Heirat bzw. Unternehmensgründung, -wachstum, -sanierung

Möchten Sie vor dem Hintergrund der skizzierten Kriterien die Beschreibung Ihrer aktuellen Zielgruppe ändern? Dann können Sie das hier notieren:

Je präziser Sie Ihre eigene Zielgruppe beschreiben können, desto planvoller können Sie gegenüber potenziellen Kooperationspartnern auftreten. Meine Zielgruppe als Marketingberater sind zum Beispiel „Selbstständige, Freiberufler, kleine und mittelständische Unternehmen, die mit überschaubarem Marketingbudget mehr Umsatz machen wollen". Aus dieser Zielgruppenbeschreibung leite ich meine eigenen Marketingaktivitäten ab (wie etwa das Schreiben dieses Buches) und auch die Zusammenarbeit mit Kooperationspartnern (wie etwa Existenzgründungsberatern, Industrie- und Handelskammern, Strategieberatern usw.).

Zielgruppe präzise beschreiben

Es erhöht Ihre Überzeugungskraft, wenn Sie Ihre Zielgruppenbeschreibung mit Zahlen und Fakten belegen können. Dabei können Sie allgemeine statistische Daten heranziehen, wie sie etwa das Statistische Bundesamt unter www.destatis.de im Internet bereitstellt. Auch Studien anderer Unternehmen liefern häufig nützliche Daten zu Zielgruppengrößen, -kaufkraft, -interessen usw. Sie können sie bei Google unter „Google Scholar" recherchieren (www.google.de > Mehr > und noch mehr). Noch wertvoller als solche „Sekundärdaten" sind Erkenntnisse aus erster Hand, die Sie im Laufe Ihrer Geschäftstätigkeit gewonnen haben: Wer kauft was wie oft in welchen Abständen bei Ihnen? Kaufen mehr Männer als Frauen, mehr junge oder mehr alte Menschen, sind Sie regional oder überregional bekannt? Welche Daten kann Ihre Buchhaltung liefern? Je nach Produkt können auch Berufsgruppen, Bildungsstand, Wertvorstellungen oder sonstige Einstellungen von Interesse sein. Solche Daten können Sie selbst erheben, beispielsweise durch

- Kundenbefragungen (online oder persönlich),
- Diskussion mit Fokusgruppen,
- Gewinnspiele oder
- Rabattkarten, bei deren Einlösung bestimmte Daten erfragt werden.

Tools für
Online-Umfragen Nützliche Tools für Online-Umfragen finden Sie im Internet (zum Beispiel www.2ask.de oder http://twtpoll.com). Fokusgruppen sind Gruppen von etwa 8 bis 10 ausgewählten Kunden, die Sie zu einer moderierten Diskussionsrunde einladen, um etwas über die Einstellungen, Vorlieben, Werte und die Einschätzung Ihres Produktes zu lernen. Mancher Einzelhändler oder Dienstleister konnte so schon wertvolle Anregungen für seine Positionierung und Produktpolitik gewinnen – womöglich für den Preis eines Abendessens und einer kleinen Aufmerksamkeit aus seinem Sortiment.

Auf diese Weise können Sie auch abschätzen, ob Sie tatsächlich die Zielgruppe haben, die Sie sich wünschen – oder ob Sie etwas ändern möchten – beispielsweise auch durch die Zusammenarbeit mit einem Kooperationspartner. Zahlen und Daten aus erster Hand sind auch deshalb nützlich, weil Sie damit eine Erfolgsgeschichte untermauern können (Umsatzzuwächse, Zahl der Neukunden im Zeitraum x). Das wird Ihnen bei der Partnersuche helfen, denn jeder kooperiert am liebsten mit einem Erfolgspartner. Sie doch auch, oder?

Was will ich erreichen? (Ihre Ziele)

Denkbare
Zielsetzungen Sobald klar ist, wo Sie aktuell stehen und wen Sie mit Ihrem Angebot momentan erreichen, überlegen Sie, was Ihnen eine Marketing-Kooperation bringen soll: Aus Ihrer Standortbestimmung leiten Sie Ihre konkreten Ziele ab. Denkbare Zielsetzungen auf einen Blick:

1. Marketingkosten senken
2. bisherige Kunden binden
3. neue Kunden gewinnen
4. die Nummer eins im Marktsegment werden

5. neue Zielgruppen erreichen
6. das Image verändern

Sie wollen Marketingkosten senken

Die finanzielle Decke in den meisten Unternehmen ist dünn und wird in wirtschaftlich schwierigen Zeiten noch dünner. Einer der ersten Posten, der gekürzt wird, ist oft das Marketingbudget. Dazu hat Henry Ford vor Jahrzehnten schon treffend bemerkt: „Wer aufhört zu werben, um Geld zu sparen, kann ebenso seine Uhr anhalten, um Zeit zu sparen." Verbünden Sie sich lieber mit anderen Zielgruppenbesitzern, mit denen Ihr Angebot nicht direkt konkurriert. Gerade wenn es eng wird auf dem Markt, sollten Sie bei Ihren Kunden nicht in Vergessenheit geraten. Ideale Kooperationsformen:

Marketing für wenig Geld

- Kooperationswerbung (gemeinsame Flyer und Anzeigen, gegenseitige Aushänge/Plakate, gemeinsame Kataloge, kostengünstigere Kooperationsaufträge bei Tragetaschen, Verpackungsmaterial o. ä.)
- Gutscheinaktionen (wobei die Zusammenarbeit mit einem Komplementärpartner die Kosten senkt – jeder verteilt Gutscheine des anderen)

Sie wollen Ihre bisherige Zielgruppe enger an sich binden

… etwa, weil neue Mitbewerber am Markt aufgetaucht sind und Sie Anlass zur Sorge haben, Ihre Kunden könnten Ihnen „untreu werden". Möglicherweise stagnieren Ihre Umsätze oder sind sogar bereits gesunken. Kooperationsformen, die zur Kundenbindung beitragen:

Für Kundenbindung sorgen

- Gutscheinaktionen mit interessanten Angeboten eines Partners
- Veranstaltungen mit einem attraktiven Partner (Cross-Promotion, siehe auch Seite 25 ff.)
- zusätzliche Produkte und Dienstleistungen (Vertriebskooperation, Querverkauf (siehe auch Seite 33 ff.)
- „Paketangebote" mit hohem Kundennutzen (Bündelung siehe auch Seite 41 ff.)

Mit der Kundenbeziehung ist es wie mit jeder Beziehung: Wenn sich zu viel Routine und Gewohnheit eingeschlichen haben, wächst die Lust, etwas Neues auszuprobieren. Steuern Sie gegen, indem Sie selbst Ihrem Kunden etwas Neues bieten!

Sie wollen neue Kunden auf sich aufmerksam machen

Den Marktanteil erhöhen

… das heißt, Ihre Zielgruppe umfassender erreichen/Ihren Marktanteil erhöhen. Alle werbewirksamen Aktionen sind geeignet, Ihren Bekanntheitsgrad zu steigern, also die eben erwähnten Gutscheinaktionen (Couponing), Veranstaltungen (Cross-Promotion) oder auch neue attraktive Angebote in Ihrem Sortiment durch Bündelung oder Vertriebskooperation. Denken Sie daran, dass Sie diese Angebote gezielt bewerben und dafür ein Budget einplanen sollten, damit sie nicht verpuffen:

- gemeinsame Werbeaktionen (Cross-Advertising, siehe auch Seite 21 ff.)
- Verbünden mit einem Kooperationspartner, der in Ihrer Zielgruppe Ansehen genießt und den betreffenden Markt sehr gut durchdringt
- Präsentation Ihres Angebots durch einen „Gastgeber" (Host/Beneficiary, siehe auch Seite 9 ff.), etwa im Newsletter, durch ein Mailing, im Produktkatalog

Auf diese Weise konnte ich zum Beispiel eine Rechtsanwältin mit türkischem Migrationshintergrund beim Aufbau ihrer Kanzlei wirkungsvoll unterstützen: Wir erarbeiteten gemeinsam eine Liste von Empfehlungsgebern mit türkischen Wurzeln, darunter Übersetzer, Immobilienmakler, Steuerberater und Fachanwälte mit anderen Rechtsgebieten. Über gezielte Empfehlungen etablierte sich meine Klientin sehr schnell am Markt. Mittelfristig wirksam sind dagegen alle Aktionen, die Sie ohne erkennbare Verkaufsabsicht ins Bewusstsein potenzieller Neukunden rücken:

- Sponsoring eines Projektes, das im Fokus Ihrer Zielgruppe steht (Veranstaltung, Verein, Aktion)
- Profilierung als Experte (Medienkooperationen)

Sie wollen die Nummer eins in Ihrem Marktsegment werden

Wenn Sie die „Platzhirsch"-Position anstreben, sorgen Sie am besten dafür, dass Ihre Zielgruppe kaum noch an Ihnen vorbei-
kommt: Werden Sie in Ihrem Markt allgegenwärtig! Wenn potenzielle Kunden allerorten über Ihren Namen stolpern, erzeugt das
den Eindruck, dass Sie wohl „der Wichtigste" auf diesem Gebiet
sein müssen. Bestandskunden werden in ihrer Entscheidung für
Sie bestätigt. Forcieren Sie daher alle Kooperationsmöglichkeiten
mit anderen angesehenen Partnern, die sich Ihnen bieten – immer
vorausgesetzt natürlich, dass Sie Ihre Zielgruppe damit erreichen.
Dies gilt auch und gerade für Freiberufler: Kompetente Steuerberater, Kommunikationstrainer oder Physiotherapeuten gibt es viele; wer jedoch auf Veranstaltungen und in der Presse präsent ist,
immer wieder interessante Angebote mit Kooperationspartnern
realisiert und von anderen Zielgruppenbesitzern regelmäßig empfohlen wird, erobert auf Dauer die Pole-Position im Bewusstsein
seiner Kunden. Renommierte Experten sind in ihrem Metier bekannt. Doch das funktioniert auch andersherum: Wer in der Branche bekannt ist, wird von Kunden für kompetenter gehalten. „Bekanntheitsgrad hebt Nutzenvermutung", fasst Marketingexperte
Hermann Scherer das bündig zusammen und lenkt die Aufmerksamkeit darauf, dass in der Regel eben nicht Fachkollegen, sondern Laien (Kunden) über den Expertenstatus entscheiden.[10] Diet-
rich Grönemeyer beispielsweise gilt nach wie vor als
Rückenexperte, auch wenn Mediziner seinen Ansatz gelegentlich
kritisieren. Besonders interessante Kooperationen in diesem Zusammenhang:

- Huckepack-Marketing durch gezielte Empfehlungen eines Kooperationspartners (Host/Beneficiary)
- Sponsoring öffentlichkeitswirksamer Aktionen und Veranstaltungen (beispielsweise durch kostenlose Vorträge, Kurzbera-
tungen)
- Medienkooperationen zur Profilierung als Experte
- Paketangebote mit angesehenen Partnern (Bündelung)

Ein Beispiel: Durch eine umfassende Kooperationsstrategie er-
reichte ein Seminarportal im Internet sehr rasch einen hohen Be-

Allgegenwärtig
werden

kanntheitsgrad. Das Portal unterstützt Trainer und Seminarveranstalter bei der Vermarktung ihrer Veranstaltungen. In einem gemeinsamen Brainstorming fanden wir nicht weniger als 40 mögliche Kooperationspartner, darunter Hotels, Hersteller von Trainerzubehör (Methodenkoffer, Flipcharts etc.), Unternehmensberater, Trainerorganisationen, Zeitschriften, Online-Netzwerke, Netzwerk-Organisationen sowie Vereine und Verbände. Wir entwarfen ein „Partnerprogramm", bei dem Kooperationspartner ihren Kunden einen Gutschein für einen zeitlich befristeten kostenlosen Eintrag ins Seminarportal schenken konnten. Wurde daraus ein Dauerkunde, erhielt der Kooperationspartner eine Provision.

Sie wollen neue Zielgruppen ansprechen

Einen starken Partner suchen

Einen neuen Markt zu erobern ist normalerweise teuer und aufwändig. Klassische Werbemaßnahmen gehen im allgemeinen Werbegetöse schnell unter. Außerdem konkurrieren Sie in fast allen Bereichen mit bereits etablierten Anbietern. Warum also sollten Kunden zu Ihnen als Newcomer wechseln? Ehe Sie sich als Einzelkämpfer verschleißen, suchen Sie sich lieber einen starken Partner, der im Zielmarkt bereits bekannt und angesehen ist. Ideale Kooperationsformen in diesem Fall sind

- Huckepack-Marketing (Host/Beneficiary)
- Vertriebskooperationen (der Partner vertreibt Ihr Produkt in seinem Markt)
- Produktpakete (Bündelungen, in die Ihr Angebot eingeht)

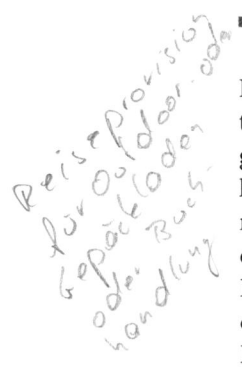

In allen Fällen besteht die Herausforderung darin, einen wirklich attraktiven Partner zu finden und diesen für eine Zusammenarbeit zu gewinnen. Das kann durch interessante finanzielle Anreize geschehen (Provisionen), daneben durch ein geringes Risiko für den Partner (Sie organisieren das Ganze und tragen mögliche Kosten) und durch Zusatzangebote, mit denen Ihr Partner seine Kunden bindet. Es kann sich vor diesem Hintergrund sogar lohnen, dem Partner den Gewinn des Erstgeschäftes vollständig zu überlassen. Beispiel: Ein Trainer, der bislang ausschließlich für Kunden im öffentlichen Dienst tätig war, will lukrativere Firmenkunden gewinnen. Er arbeitet kostenlos in Workshops eines bekannten Trainers mit, der in diesem Markt tätig ist. Das birgt für ihn auch finanziell ein geringeres Risiko als teure Werbeaktionen mit ungewissem Erfolg.

Sie wollen Ihre Marke/Ihr Image aufwerten oder gezielt verändern

Manches, was sich Jahrzehnte bewährt hat, wirkt plötzlich überholt und angestaubt. Zur erfolgreichen Markenführung gehört auch die Modernisierung von Marken. Ein Erfolgsbeispiel ist die Marke Jägermeister: Aus dem Kräuterlikör für ältere Herren in verrauchten Dorfkneipen ist inzwischen ein Szenegetränk für junge Leute geworden. Dafür veranstaltet man Rockfestivals, bietet seinen Kunden Computerspiele und führt in einem eigenen Shop eine Menge „trendiger" Merchandising-Produkte, wie ein Blick auf die Jägermeister-Website zeigt. Der Hersteller setzt also gezielt auf Sponsoring und Co-Branding. Grundidee: Wer mit „jüngeren" Partnern kooperiert, verjüngt sich selbst. Auch Aufwertungen basieren auf diesem Prinzip, denken Sie an Henkels Kooperation mit Alessi beim WC-Stein. Kooperationsformen, die auf Imagewandel zielen, sind vor allem

Kooperation für Imagewandel

- Markenallianzen (Co-Branding)
- Produktbündelungen
- Sponsoring
- Host/Beneficiary

Im weiteren Sinne färbt das Image Ihres Partners natürlich bei jeder Kooperation auf Sie ab. Ob Sie beispielsweise eine Vertriebskooperation mit einem Preiswertanbieter oder mit einem exklusiven Geschenkversand eingehen, hat Einfluss auf die Kundenwahrnehmung. Ein Beispiel aus meiner Beratungspraxis ist die Kooperation eines Herstellers von Tiefkühl-Hundefutter (portionsweise eingefrorenes Frischfleisch) mit einer Tierheilpraktikerin. Durch gegenseitige Empfehlungen gewannen beide nicht nur neue Kunden, sondern beeinflussten auch ihr Image.

Gegenseitige Empfehlung wirkt

Welches ist das vorrangige Ziel, das Sie mit einer Marketing-Kooperation verfolgen wollen? Notieren Sie Ihr Ziel hier:

Den richtigen Partner finden

Mehrheit der
Kooperationen
erfolgreich

Es wird Zeit, ein wenig Wasser in den Wein zu gießen: „Etwa 40 Prozent der Kooperationen scheitern", meldet die Zeitschrift Absatzwirtschaft 2009 unter Berufung auf eine Studie der Agentur Noshokaty, Döring & Thun. Als Hauptursache nennen die Befragten (214 Vertreter kleiner, mittelständischer wie großer Unternehmen) den „mangelnden Fit der Partner" (87 Prozent). Erst mit einigem Abstand folgen weitere Gründe wie „mangelnde Kooperationserfahrung" (64 Prozent) oder „mangelnde Ressourcen und Kontinuität in der Projektbetreuung" (54 Prozent).[11] Im Umkehrschluss heißt das aber auch: Die Mehrheit der Kooperationen ist ein Erfolg. Und: Wenn Sie vorher genau hinschauen, mit wem Sie sich verbünden, stehen die Chancen sehr gut, dass Ihre Kooperation zu den erfolgreichen gehört.

Wer „besitzt" Ihre Zielgruppe?

Ihr idealer Kooperationspartner ist ein Zielgruppenbesitzer, aber kein Konkurrent. Mit anderen Worten: Der Partner erreicht Ihre Zielgruppe (bzw. eine Kundengruppe, die Sie neu erschließen wollen) auf andere Weise, mit einem anderen Angebot als Sie. Völlig identische Zielgruppen werden dabei die Ausnahme sein; entscheidend ist eine nennenswerte Überschneidung bzw. starke Zielgruppenaffinität. Denken Sie an Beispiele aus dem letzten Kapitel:

Überschneidung der Zielgruppen

Zielgruppenüberschneidungen gibt es beispielsweise …

… zwischen einem freien Architekten und einem Immobilienmakler (beide wenden sich an Käufer gebrauchter Immobilien);

… zwischen einem Fitnessstudio und einer selbstständigen Masseurin/Physiotherapeutin (Gesundheitsbewusste);

… zwischen einem Produzenten von Tiernahrungsergänzungsmitteln und einem Hersteller von Futtermischwagen (Landwirte);

… zwischen einem prominenten Speaker und einem Berater für Leistungskraft und Gesundheit (Leistungsträger);

… zwischen einem Autohaus (Nobelmarke) und einem gehobenen französischen Restaurant (gutverdienende Kunden);

… zwischen einem Karriereberatungsunternehmen und einem Ratgeberverlag (Stellensuchende);

… zwischen einem Online-Anbieter von Druckerzubehör und einem Online-Anbieter von Kontaktlinsen und Pflegemitteln (Online-Käufer);

… zwischen einem Werbetexter und einem Businessclub (Unternehmer und Freiberufler);

… zwischen einem Motorradhändler, einer Fahrschule und einem Hotel in einer Mittelgebirgsregion (Motorradbegeisterte);

… zwischen einem Zahntechnikermeister und Zahnärzten (Zahnersatz-Patienten);

… zwischen Reisebüros und Versicherungen (Auslandsreisende);

… zwischen einem Finanzdienstleister und einem Fertighausbauer (Immobilienkäufer);

… zwischen einer kleinen Kaffeerösterei und Cafébetreibern (Kaffeegenießer);

… zwischen einem Hotel und einem Musicalveranstalter (anreisende Besucher).

Mit dieser Beispielliste zeichnen sich schon Fragestellungen ab, die Sie auf die Spur Erfolg versprechender Kooperationspartner (EVK) bringen:

1. Was kauft Ihre Zielgruppe noch?

2. Bei wem kauft Ihre Zielgruppe noch (Kaufgewohnheiten)?

3. Welche anderen Produkte/Dienstleistungen braucht man auch, wenn man Ihr Produkt/Ihre Dienstleistung kauft?

4. Wo kauft Ihre Zielgruppe ein (Kauforte)?

5. Was kauft Ihr Kunde vor, während und nach dem Kauf bei Ihnen ein?

6. In welcher Lebenssituation sind Ihre Kunden? Was interessiert sie in dieser Situation noch?

7. Wo hält sich Ihre Zielgruppe regelmäßig auf?

8. Welcher potenzielle Kooperationspartner ist ganz in Ihrer Nähe (Standort)?

9. Wer nutzt ähnliche Werbe- und PR-Kanäle wie Sie (Messen, Veranstaltungen, Printmedien, Plakate, Internetforen usw.)?

10. Wo informiert sich Ihre Zielgruppe im Vorfeld, welche Medien, Einzelpersonen oder Institutionen werden als Ratgeber konsultiert?

11. Wer genießt hohes Ansehen innerhalb Ihrer Zielgruppe?

12. Welche Mitbewerber bieten preisliche oder inhaltliche Alternativangebote, auf die Sie die Kunden hinweisen können, für die Ihr eigenes Angebot zu teuer/zu billig/inhaltlich nicht ganz passend ist (und umgekehrt)?

13. Welche Nachbarmärkte haben Sie bisher nicht erschlossen? Wer hat Zugang zu diesen Märkten?

14. Welche neuen Märkte könnten Sie erschließen? Ist ein neuer Verwendungszweck Ihres Angebots denkbar? Wer hat Zugang zu diesen Märkten?

15. Welcher Kooperationspartner würde Ihre Kunden verblüffen, überraschen, zum Schmunzeln bringen?

Gewerbetreibende und Produktionsunternehmen können zusätzlich in folgende Richtungen denken:

16. Wer vertreibt Ihre Produkte (Händler)?

17. Wer beliefert Ihre Kunden (Lieferanten)?

18. Was kaufen Entscheider/Einkäufer regelmäßig noch ein?

19. Welcher Zusatzservice würde den Kundennutzen erhöhen?

„Heiße" Kontakte nutzen

Neben solchen grundsätzlichen Überlegungen möchte ich Ihnen eine Idee der amerikanischen Marketingexperten Marc und Terry Goldman vorstellen. Sie ist ebenso simpel wie bestechend: Warum in die Ferne schweifen, wenn potenzielle Partner auch ganz nah zu finden sind – nämlich Unternehmen, zu denen bereits eine Geschäftsbeziehung besteht. Dazu zählen etwa Lieferanten, Berater, Dienstleister, Großhändler; im Jargon der Goldmans „naturally existing economic relationships", kurz NEER[12]. Interessant sind vor allem solche Partner, mit denen man langjährig gut zusammenarbeitet („heiße" Kontakte). Ein Beispiel: Ein Software-Paket für Internet-Marketing, das sich nur sehr schleppend verkauft, wird zunächst über Marketing-Foren im Internet angeboten, mit sehr mäßigem Erfolg. Dieser Markt ist offensichtlich schon ausgereizt. Daraufhin kontaktieren die Berater ihre externe Buchhaltungsfirma, deren guter Kunde sie schon lange sind. Die Buchhaltungsfirma empfiehlt das Software-Paket ihren Kunden (Host/ Beneficiary-Prinzip) – mit durchschlagendem Erfolg.

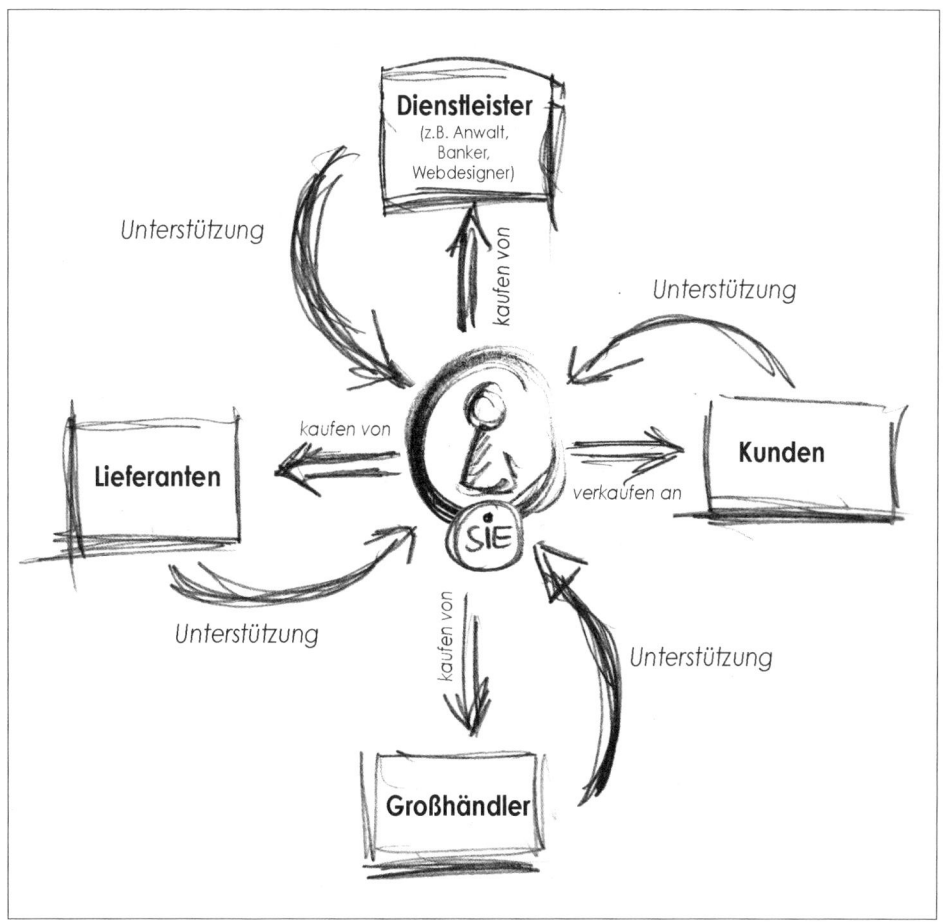

Zentral ist auch bei der Kooperation mit NEER-Partnern, dass der Partner die Zielgruppe erreicht. Listen Sie daher bei der Suche nach Kooperationspartnern einmal alle Unternehmen und

Dienstleister auf, von denen Sie Leistungen beziehen oder an die Sie etwas verkaufen.

Notieren Sie Ihre NEER hier:

Agenturen
Airlines
Versicherungen
Fremdenverkehrsämter

"Warme" Kontakte sind auch hilfreich

Hilfreich sind daneben Partner, gegenüber denen ein solcher Geschäftspartner eine Empfehlung ausspricht („warme" Kontakte). Das erleichtert nicht nur die Kontaktaufnahme, es kann Ihnen auch erste wichtige Informationen über Zielgruppe und Geschäftsgebaren des möglichen Partners verschaffen.

Notieren Sie hier potenzielle EVKs (Erfolg versprechende Kooperationspartner), an die Sie sich empfehlen lassen könnten:

"Kalte" Kontakte recherchieren

EVKs, zu denen weder ein direkter Kontakt noch eine Empfehlung besteht, sind „kalte" Kontakte. Diese müssen Sie erst einmal recherchieren. Dabei können Sie wie folgt vorgehen: Sammeln Sie im ersten Schritt möglichst viele Ideen, bevor Sie im zweiten Schritt prüfen, wer am besten zu Ihnen passt (siehe nächster Abschnitt).

Tipps fürs Ideensammeln:

- Veranstalten Sie ein Brainstorming mit Ihrem Team. Grundregel: Keine Idee ist zu verrückt, um gleich abgeschmettert zu werden. Notieren Sie die Ideen auf Kärtchen, nutzen Sie eine Pinnwand oder einen großen Tisch. Sortieren und bewerten Sie die Vorschläge im zweiten Schritt.
- Gehen Sie ein Branchenbuch (die Gelben Seiten) durch. Sie werden auf Branchen stoßen, an die Sie vorher noch nicht gedacht haben.
- Durchforsten Sie Branchenverzeichnisse im Internet. Eine Übersicht von „Handwerkernet" bis „European Business Connect" finden Sie, wenn Sie den Begriff „Branchenverzeichnis" googeln.
- Geben Sie in verschiedene Suchmaschinen im Internet Schlüsselbegriffe ein, mit denen Sie als Kunde nach Ihrem eigenen Produkt und verwandten Produkten suchen würden.
- Analysieren Sie die Websites wichtiger Kunden. Recherchieren Sie, welche anderen Websites auf diese Seite hinweisen. Der Google-Suchbefehl dafür lautet „link:www.kundenwebsite.de" (das heißt, Sie geben ein: link:www. + den Domainnamen der Kundenwebsite + .de) Möglicherweise stoßen Sie dort auf interessante EVKs.
- Analysieren Sie die Websites Ihrer Mitbewerber: Welche anderen Seiten weisen auf diese Seite? Auch das können Sie über Google recherchieren. Der Suchbefehl dazu ist „link:www.ihrmitbewerber.de" (link:www. + den Domainnamen des Mitbewerbers + .de).
- Analysieren Sie die Google Ads bei den Suchwörtern, mit denen nach Ihren Dienstleistungen oder Produkten gesucht wird. Wer wirbt bei diesen Suchwörtern?
- Verschaffen Sie sich bei Google Maps einen Überblick, welche anderen Unternehmen im Umkreis liegen.
- Verschaffen Sie sich in Bewertungsportalen im Internet (wie www.qype.de) einen Überblick über mögliche EVKs in Ihrem Zielbereich.
- Stöbern Sie in speziellen Kooperationsbörsen wie www.biztrade.de. Außerdem bieten die Industrie- und Handelskam-

mern eine entsprechende Datenbank: <mark>www.kooperationsboerse.ihk.de.</mark>

- Lassen Sie sich von Erfolgsbeispielen in anderen Branchen anregen. Wenn Museen heute mit Biosupermärkten kooperieren, Friseure mit Fotografen oder Fahrschulen mit Hotels, dann könnten Sie eventuell mit … (?) zusammenarbeiten.

Mehr Umsatz durch EVKs Als Marketingberater unterstütze ich meine Kunden in diesem systematischen EVK-Suchprozess. Auf diese Weise sind schon etliche sehr lukrative Kooperationen entstanden, beispielsweise zwischen einem Suchmaschinenspezialisten und einem Internet-Marketingprofi, die sich gegenseitig empfehlen. Der Marketingprofi fungiert außerdem als Host für den Suchmaschinenexperten und promotet diesen in seinem Newsletter, in Artikeln und Workshops. Durch diese Kooperation konnten in Laufe der Zeit zusätzliche fünfstellige Honorarumsätze vermittelt werden.

Notieren Sie Ihre „kalten" Kontakte hier:

Welche der Ideen möchten Sie weiterverfolgen? Hier einige Denkanstöße, die Ihre Entscheidung erleichtern:

- Ein idealer Partner bietet genau das, was Sie nicht haben – ob das ein zusätzlicher Vertriebsweg, ein größerer Bekanntheitsgrad in der Zielgruppe, ein anders sortierter Adresspool, ein ergänzendes Produkt oder eine Folgedienstleistung ist.
- Ist die Zielgruppenüberschneidung groß genug? Ziehen Sie von der Selbstdarstellung des EVK den üblichen Marketingfaktor ab. Verschaffen Sie sich, wenn möglich, selbst ein Bild,

wer beim Händler ein und aus geht, wo das Produkt angeboten wird usw.

- Passt das Image des EVK zu Ihrem? (… oder zu dem Image, das Sie anstreben?) Wenn Sie unsicher sind, kann Sie eine kleine Umfrage entscheidend weiterbringen: Warum nicht im Umfeld oder in der nächsten Fußgängerzone ein Meinungsbild einholen? Mögliche Frage: Auf einer Skala von 1 („sehr gut") bis 10 („gar nicht") – wie gut passen diese beiden Produkte für Sie zusammen?

- Ein sehr entscheidendes Bewertungskriterium ist der Kundennutzen: Bietet die Kooperation Ihrer Zielgruppe erkennbare Vorteile – etwa mehr Bequemlichkeit, besseren Service, ein attraktives Komplettangebot?

Wählen Sie abschließend die vielversprechendsten Partner aus. Dabei können Sie das von mir skizzierte „EVK-Thermometer" auf Seite 86 nutzen, mit dem Sie „heiße", „warme" und „kalte" Kontakte unterscheiden.

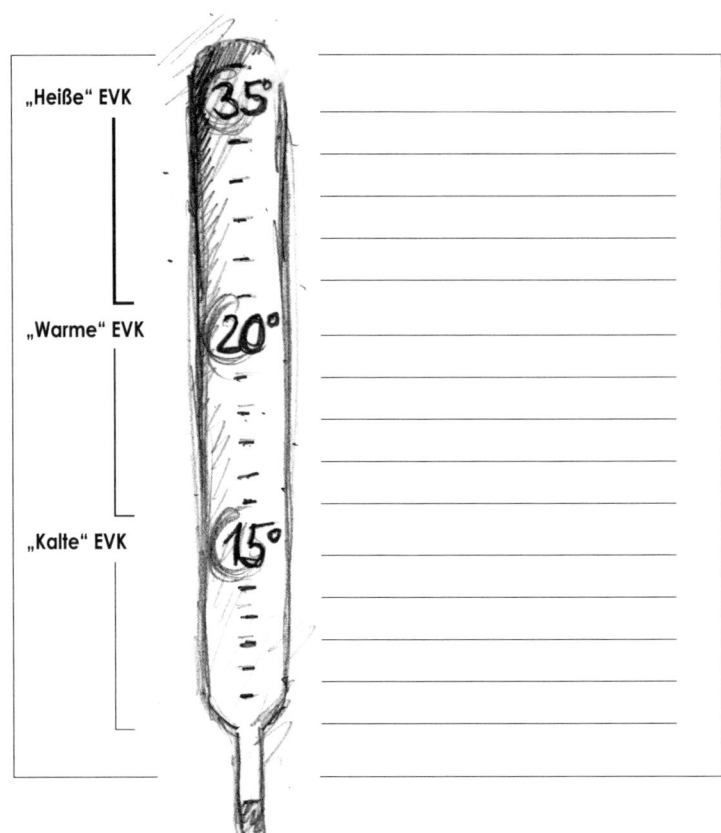

"Heiße" EVK

"Warme" EVK

"Kalte" EVK

Ihr „EVK-Thermometer" (Gewichtung Erfolg versprechender Kooperationspartner im Hinblick auf bereits bestehende Geschäftsbeziehungen)

Überraschende Partner finden

Neben dem sachlichen Kundennutzen kann auch der Aufmerksamkeitswert einer Kooperation eine Rolle spielen – denken Sie beispielsweise an die Werbekooperation von Schuhgeschäft und Autohändler oder an den Querverkauf von Handyvertrag und Mitgliedschaft im Fitnessstudio. Ein anderes Beispiel, das von den beteiligten Unternehmen sehr positiv bewertet wurde, ist die Kooperation des Möbelherstellers Hülsta mit der Modefirma Gerry Weber vor einigen Jahren.[13] Ich selbst habe eine sehr erfolgreiche Kooperation zwischen einem Textilgeschäft, das auf Mode der Firma Jaguar spezialisiert war, und umliegenden Jaguar-Vertragsstätten angeregt: Jeder neue Autokäufer bekam einen Gutschein für Jaguarmode. Das Autohaus musste nichts zahlen und belohnte den Neukunden mit einem Geschenk. Der freute sich und löste den Gutschein ein. Die Jaguar-Boutique gewann auf diese Weise ebenfalls neue Käufer, von denen viele öfter kamen. In allen Fällen ging es um die Zusammenarbeit von Partnern aus verschiedenen Branchen, die nicht unbedingt miteinander in Verbindung gebracht werden. Kommt ein solcher „Überraschungs-EVK" für Sie infrage? Wer könnte das sein?

Notieren Sie Ihren „Überraschungs-EVK" hier:

Wer passt zu Ihnen?

Bisher haben wir uns wesentlich mit den sachlichen Aspekten der Partnerwahl beschäftigt. Doch auch wenn auf dem Papier alles wunderbar passt, können bei der Zusammenarbeit Probleme auftauchen. Für Chris Rempel, Erfolgsunternehmer und Joint-Venture-Marketing-Enthusiast aus den USA, scheitern Kooperationen vor allem aus drei Gründen: erstens zu wenig Vertrauen und Kommunikation zwischen den Partnern, zweitens zu wenig Engagement (auf einer Seite/auf beiden Seiten) und drittens eine zu komplizierte Herangehensweise.[14]

Gründe für das Scheitern von Kooperationen

Wenn Sie mit einem EVK beginnen, der auf dem „Beziehungsthermometer" ziemlich weit oben rangiert, minimieren Sie solche Unsicherheitsfaktoren. Weitere Aspekte, die in eine nähere Begutachtung interessanter Partner einfließen könnten:

Mögliche Partner unter die Lupe nehmen

- ■ Wie stellt sich das Unternehmen öffentlich dar? Recherchieren Sie im Internet, lesen Sie Presseberichte, schauen Sie sich die Website an. Ist Ihnen das Unternehmen sympathisch?

- Wie schätzen Sie die Unternehmenskultur ein? Sehen Sie Überschneidungen zur eigenen Kultur oder haben Sie es mit einer weitgehend „fremden Welt" zu tun? Zwischen kleinen und mittelständischen Unternehmen auf der einen und großen Unternehmen auf der anderen Seite können Welten liegen, was Entscheidungswege und -tempo, Umgangston oder auch die Bedeutung von Hierarchien angeht. Diese Frage wird Sie bei der konkreten Zusammenarbeit später verfolgen (siehe nächstes Kapitel). Aber auch Unternehmen gleicher Branche und Größe können sich beträchtlich unterscheiden, etwa hinsichtlich Wettbewerbsorientierung, fehlender oder vorhandener Ellenbogenmentalität u. ä.)
- Gibt es Kundenstimmen in einschlägigen Bewertungsportalen (www.qype.com, www.ciao.de, www.billiger.de, www.autoplenum.de usw.) oder Blogs? Fallen diese überwiegend positiv aus?
- Wie ist das öffentliche Image des Unternehmens? Fragen Sie Geschäftspartner und Branchenkenner nach ihrer Einschätzung. Es wäre unklug, sich mit einem Partner zusammenzutun, der einen schlechten Ruf hat. Das würde auch Ihrem Ruf schaden.
- Arbeitet das Unternehmen bereits erfolgreich mit anderen Partnern zusammen? Wenn ja, können Sie ein professionelleres Handling solcher Allianzen erwarten als bei „Kooperationsneulingen".
- Kennen Sie die Produkte oder Dienstleistungen des anvisierten EVK? Wenn nein, können Sie das Unternehmen selbst als Kunde erst einmal testen? Das erleichtert überdies eine spätere Kontaktaufnahme.

Mit einer „Probezeit" beginnen

Überlegen Sie gut, ob sich eine Kontaktaufnahme mit Unternehmen lohnt, deren Image angekratzt ist. Damit könnten Sie Ihrem eigenen Ruf schaden, vom Zeit- oder Geldverlust einmal ganz abgesehen. Auch bei Partnern, die ganz offensichtlich in eine wirtschaftlich schwierige Lage geraten sind, sollten Sie vorsichtig sein. Das mag ein momentanes Tief sein, könnte aber auch die Folge von Missmanagement sein, was nicht gerade Hoffnungen auf eine konstruktive Zusammenarbeit macht. Überdies: Sich mit einem Lahmen zusammenzutun, macht Sie selbst nicht unbedingt schneller. Wenn Sie skeptisch sind, bietet es sich an, erst einmal mit einer loseren

Form der Kooperation zu beginnen – als eine Art „Probezeit". Wenn sich das bewährt hat, können Sie später eine intensivere Form der Zusammenarbeit angehen. Zur Verdeutlichung hier die Intensität der verschiedenen Kooperationsformen (was Dauer, voraussichtlichen finanziellen Aufwand[15] und gegenseitigen Abstimmungsbedarf betrifft) in einer annäherungsweisen Übersicht.

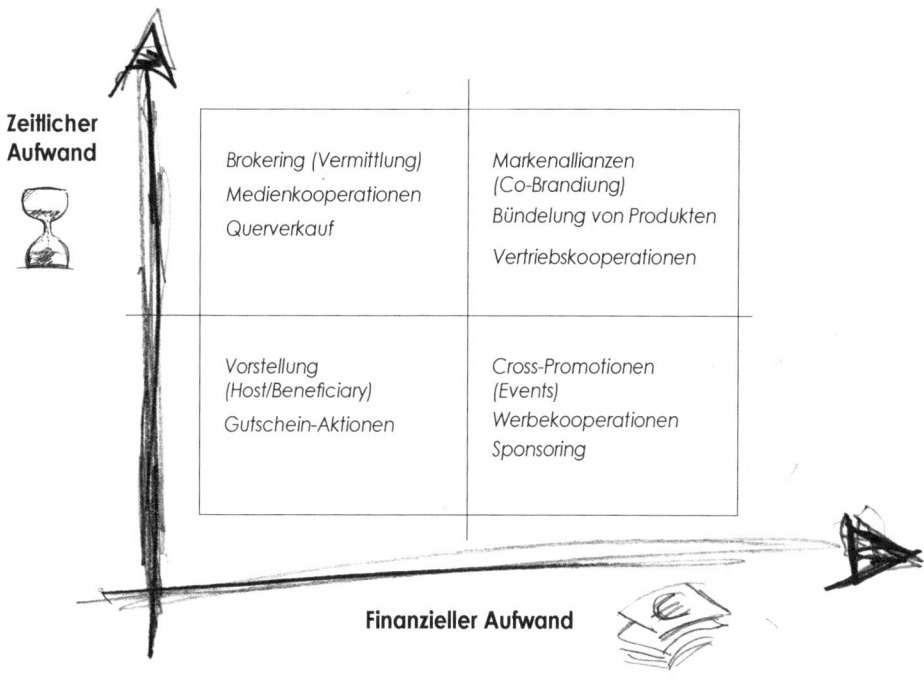

Intensität von Marketing-Kooperationen

Ein anderer Aspekt, den Sie mitbedenken sollten, ist die Größe der Kooperationspartner: In einer Allianz unter Gleichen herrschen andere Spielregeln als in einer Zusammenarbeit eines wirtschaftlich großen Partners mit einem sehr viel kleineren; dasselbe gilt für Zweierkooperationen im Vergleich zu größeren Netzwerken:

Größe des Partners beachten

+ Vorteil: Der kleinere Partner profitiert von den Möglichkeiten des großen. Der wiederum kann rasch zusätzliche Produkte oder Services anbieten, deren Entwicklung und Organisation in einer Großbürokratie lange dauern würde.

– Nachteil: Übernahmegefahr für den kleineren Partner. Außerdem ist die Kooperation für das kleinere Unternehmen wahrscheinlich sehr viel wichtiger als für das große. Das kann sich auf Engagement und Commitment des großen auswirken. Marketingguru Jay Abraham rät übrigens dazu, keine Partner anzusprechen, die man sich in Wahrheit (noch) nicht zutraut, weil sie einem eine Nummer zu groß erscheinen.[16] In der Tat ist ein selbstbewusster Auftritt in der Regel Voraussetzung dafür, den anderen von einer Kooperation zu überzeugen.

+ Vorteil: Zwei Partner mit annähernd gleich großem Geschäfts-
  volumen begegnen sich am ehesten auf Augenhöhe.

– Nachteil: Wenn die „Chemie" nicht stimmt, kann es zu Macht-
  kämpfen kommen. Bei einer Rollenverteilung, in der einer ein
  neues, attraktives Produkt einbringt und der andere das Ver-
  triebssystem, besteht außerdem die Gefahr, dass der Produkt-
  partner den Vertriebspartner mittelfristig „ausbootet", weil er
  selbst direkten Zugang zu Kundendaten hat. Dem sollten Verträge vorbeugen.

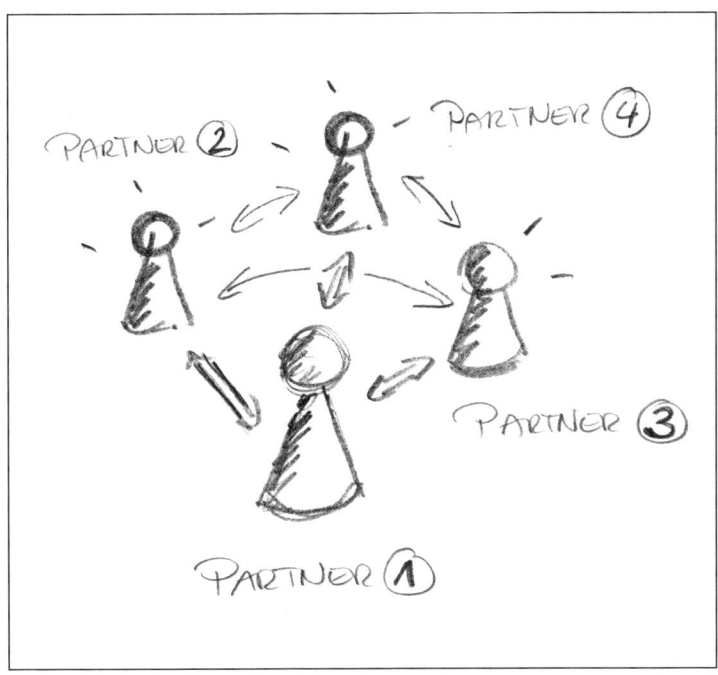

+ Vorteil: Drei oder mehr kleine Partner bilden ein Netzwerk –
  eine Kooperationsform, die sich für Freiberufler und kleinere
  Unternehmen anbietet (Beispiel: Motorradhändler, Fahrschule
  und Familienhotel bieten Motorradführerschein-Ferien). Auf
  diese Weise können lukrative Projekte gestemmt werden, die
  keiner alleine realisieren könnte.

– Nachteil: Je mehr Partner beteiligt sind, desto größer ist der Abstimmungsaufwand. Außerdem besteht die Gefahr, dass sich in der Gruppe Fraktionen bilden.[17]

Ihr Traumpartner sollte nicht nur einen guten Zugang zu Ihrer Zielgruppe haben und Sie sachlich gut ergänzen, sondern auch ein erfolgreicher, professionell auftretender, gut organisierter und im besten Fall auch noch „sympathischer" Marktteilnehmer sein. Bei unbekannten Partnern empfehlen sich Testläufe (Kooperationen mit weniger finanziellem und zeitlichem Aufwand), bevor Sie eine intensivere Zusammenarbeit angehen. Dann kann auch jenes Vertrauen wachsen, das Grundlage jeder erfolgreichen Kooperation ist.

Was bieten Sie dem Kooperationspartner?

„What's in it for me?"

Ein erfolgreiches Angebot löst ein Problem der Gegenseite. Das gilt für Endkunden wie für Kooperationspartner gleichermaßen. Für Marketing Joint Ventures bringt man das in den USA auf die griffige Formel WIIFM – „What's in it for me?" (Was habe ich davon?). Das wird sich in der Tat jeder mögliche Partner sofort fragen, wenn Sie mit Ihrer Kooperationsidee auf ihn zugehen. Auf diese Frage brauchen Sie eine schlüssige Antwort. Sobald Sie Ihre Marketingziele festgelegt sowie potenzielle Partner gesammelt und per EVK-Thermometer gewichtet haben, sollten Sie gedanklich die Seite wechseln. Versetzen Sie sich in die Rolle des potenziellen Partners: Was braucht er, was Sie ihm bieten können?

- Hat er ein tolles Produkt, aber keine befriedigende Vertriebslösung (ob online, Filialnetz oder Außendienst)?
- Verfügt er über einen gut funktionierenden Vertrieb, aber nur über eine eingeschränkte Produktpalette?
- Könnte er seinen Umsatz steigern, indem er eine erweiterte Komplettlösung anbietet (durch Bündelung mit Ihrem Produkt)?
- Verfügt er über ein Produkt, das auch für andere Zielgruppen, an die er bislang nicht gedacht hat, interessant sein könnte? Gewinnt er durch Sie Zugang zu diesen Kunden?
- Ist er die Nummer zwei oder drei im Marktsegment und könnte durch die Kooperation mit Ihnen seinen Marktanteil steigern?

- Bieten Sie ihm die Möglichkeit, seine Kunden durch Gutscheine oder andere Vorzugskonditionen enger an sich zu binden?
- Könnten Sie durch ein gemeinsames Event viel Aufmerksamkeit erregen und beide neue Kunden gewinnen?
- Könnte er durch eine Kooperation mit Ihnen eine Alleinstellung im Wettbewerb erreichen?
- Könnte er mit demselben Werbeetat durch Cross-Advertising doppelt so viel Aufmerksamkeit erzielen?
- Gewinnt er mit jedem neuen Kunden, den ihm die Kooperation verschafft, ein interessantes Umsatzpotenzial? (Um dieses Argument in die Waagschale werfen zu können, sollten Sie den jährlichen Ertragswert jedes neuen Kunden beziffern – siehe zweites Kapitel.
- Könnte er mit minimalem Aufwand Zusatzgewinne erzielen, indem er sich als „Host" zur Verfügung stellt und Ihr Angebot gegen Provision promotet?

Tragen Sie so viele Informationen über die andere Seite zusammen, wie Sie über Firmenhomepage, weitere Internetrecherchen, Presseberichte und persönliche Kontakte gewinnen können und suchen Sie möglichst passgenaue Antworten. Notieren Sie für jeden potenziellen Partner einen „Köder" für die Zusammenarbeit mit Ihnen:

Partner 1

Was hat er davon?

Partner 2

Was hat er davon?

Nur wenn er für sich eindeutige Vorteile sieht, wird ein möglicher Kooperationspartner Ihnen zuhören. Streichen Sie Partner von Ihrer Liste, denen Sie nichts bieten können, weder Zeitersparnis noch Umsatz, Provisionen oder einen Imagegewinn. Niemand brennt darauf, Ihnen einen Gefallen zu tun.

Indizien für eine aussichtsreiche Kooperation Gibt es darüber hinaus Indizien dafür, wie aussichtsreich Ihr Kooperationsanliegen sein könnte? Jein. Jede externe Recherche hat ihre Grenzen. Auf offene Ohren werden Sie am ehesten treffen bei Geschäftspartnern mit erkennbarer Dynamik. Oft vermittelt ein Blick auf die Website eines Unternehmens oder Freiberuflers bereits einen Eindruck, wie ambitioniert und engagiert man hier zu Werke geht (Wie aktuell ist die Seite? Wirkt Sie modern oder eher verstaubt? Präsentiert man sich als Erfolgsgeschichte? Bietet man Kunden das Quäntchen „mehr", das oft über Erfolg oder Misserfolg entscheidet?). Lahme zum Jagen zu tragen ist erfahrungsgemäß schwierig und mühsam. Bereits bestehende Kooperationen sind ebenfalls ein gutes Signal – hier hat jemand den Nutzen profitabler Partnerschaften schon erkannt. Manche größeren Unternehmen verfügen inzwischen sogar über eigene Beauftragte für Kooperationsmarketing/Marketing-Kooperationen, mit denen Sie Ihr Anliegen professionell diskutieren können. Auf Granit beißen Sie möglicherweise bei Ansprechpartnern, die gerade auf einer ausgesprochenen Erfolgswelle schwimmen: Wer beispielsweise als Trainer mit Büchern in allen Bestsellerlisten vertreten ist und sich vor lukrativen Aufträgen kaum retten kann, wird unter Umständen gleich abwinken. Vielleicht aber auch nicht: Auch im Business hat man es immer mit Einzelpersonen und damit mit individuellen Sichtweisen zu tun. Nach all der Planung und Recherche führt irgendwann kein Weg mehr daran vorbei, potenzielle Partner anzusprechen. Wie Sie sich am klügsten aus der Deckung trauen, lesen Sie im nächsten Kapitel.

Checkliste: Ihre Kooperationsstrategie

Gut geplant ist halb gewonnen. Hier die wichtigsten Punkte, die im Vorfeld einer Marketing-Kooperation geklärt werden sollten:

☐ Ihre Positionierung:
Wofür steht Ihr Unternehmen – was bieten Sie, und für wen? Wie würden Sie Ihre Positionierungsstrategie umreißen (zum Beispiel als Nischen-, Zielgruppen-, Produkt-, Problemlösungs-, Innovations-, Preis-, Garantie-, Service-, Kommunikations- oder David-gegen-Goliath-Strategie)?

☐ Ihr Alleinstellungsmerkmal:
Warum sollten Ihre Kunden gerade bei Ihnen kaufen? Was unterscheidet Sie von Wettbewerbern?

☐ Ihre aktuelle Zielgruppe:
Bitte beschreiben Sie möglichst präzise, an wen Sie sich derzeit mit Ihrem Angebot wenden.

☐ Das Ziel der angestrebten Marketing-Kooperation:
Was wollen Sie mit Ihrem Marketingprojekt erreichen (zum Beispiel Marketingkosten sparen, vorhandene Kunden binden, neue Kunden gewinnen, Ihr Image korrigieren, Nummer eins in Ihrem Marktsegment werden)?

☐ Potenzielle Partner (1):
Wer hat Zugang zu Ihrer Zielgruppe (der aktuellen oder der anvisierten)? Wer also ist Zielgruppenbesitzer?

☐ Potenzielle Partner (2):
Sind unter den Zielgruppenbesitzern „heiße" Kontakte, das heißt mögliche Partner, zu denen bereits gut funktionierende Geschäftsbeziehungen bestehen?

☐ Potenzielle Partner (3):
Sind unter den Zielgruppenbesitzern „warme" Kontakte, das heißt mögliche Partner, an die Sie jemand empfehlen könnte?

☐ Potenzielle Partner (4):
Wer passt zu Ihnen? Unternehmenskultur, Größe und wirtschaftliche

Situation spielen eine Rolle. Empfehlenswert ist, sich mit erfolgreichen Partnern zu verbünden.

☐ Potenzielle Partner (5):
Wenn Sie mit bis dato Unbekannten („kalte" Kontakte) zusammenarbeiten wollen, empfiehlt es sich zu prüfen, ob Sie mit einer loseren Kooperationsform starten. Wäre ein Testprojekt denkbar, dessen finanzieller und zeitlicher Aufwand sich im Rahmen hält?

☐ Ihr Angebot:
Was hätten Sie dem Partner in einer anvisierten Kooperation zu bieten? Worin bestünde sein Vorteil?

4. Just do it!: Marketing-Kooperationen umsetzen

In meinen Marketingberatungen frage ich skeptische Klienten gern: „Wenn Sie mir einen Euro geben, und ich gebe Ihnen zwei zurück – wie oft würden Sie das machen?" Für diesen Tausch ist eigentlich jeder zu haben. Wenn Marketing greift, ist das die beste Investition ins eigene Geschäft. Marketing-Kooperationen machen den Deal noch interessanter, weil hier bereits kleine Investitionen große Wirkung zeigen können. Das allerdings muss man potenziellen Kooperationspartnern erst einmal vermitteln. Gerade weil es so gut klingt, wird mancher schon wieder misstrauisch und sucht nach dem Haken bei der ganzen Sache. Kooperieren statt konkurrieren, das ist für viele im Business etwas Neues. Helfen Sie Ihrem Gegenüber beim Umdenken! In diesem Kapitel lesen Sie, wie Sie bei der Anbahnung und Umsetzung von Kooperationen am besten vorgehen.

Kooperieren statt konkurrieren

Erster Flirt: Kontakt aufnehmen

Auf mögliche Partner zugehen, eine Zusammenarbeit vorschlagen – wenn es ernst wird, zögert mancher plötzlich, und sei es nur aus Sorge, eine Abfuhr zu erhalten. Joint-Venture-Experte Jay Abraham hält dem eine Reihe schlagkräftiger Argumente entgegen: Nur sehr wenige Menschen …

… haben so viel Geld, wie sie wollen;

… haben alle Chancen, die ihr Geschäft bietet, genutzt;

… haben keine Probleme, die für sie allein schwer lösbar sind;

… können der Gelegenheit widerstehen, auf einfache Weise mehr Geld zu verdienen.[1]

Argumente für eine Kontaktaufnahme

Die Chancen, interessante Partner zu gewinnen, stehen vor diesem Hintergrund sehr gut. Was sollten Sie beim Erstkontakt beachten?

Starten Sie gut vorbereitet

Eigenes Angebot auf den Punkt bringen

Sie sollten die mögliche Kooperation so gut vorgedacht haben, dass Sie Ihr Angebot kurz und präzise präsentieren können. Wer sind Sie? Worum geht es? Was hat Ihr Partner davon, was haben Sie ihm zu bieten? Was haben seine Kunden davon? Weshalb wenden Sie sich gerade an diesen Partner? Welche Resultate versprechen Sie sich von dieser Kooperation? Wie kommen Sie zu dieser Einschätzung? Auf diese Fragen sollten Sie schlüssige Antworten haben. Wer beim Erstkontakt viele Worte macht oder gar ins Schwafeln gerät, weckt Skepsis. Je knapper Sie auf den Punkt kommen, desto überzeugender sind Sie.

Planen Sie die Kontaktaufnahme sorgfältig

Erstkontakt: schriftlich oder mündlich?

E-Mail, Brief oder Telefon – wie nehmen Sie am besten Kontakt auf? Eine Mail wirkt unverbindlicher als ein klassischer Brief und landet womöglich im Spam-Ordner. Mails sind in diesem Fall also nicht das beste Medium. Ob Sie einen unbekannten Adressaten telefonisch „vorwarnen" und anschließend mit schriftlichem Material versorgen sollten oder besser umgekehrt vorgehen (erst senden, zeitnah telefonisch nachhaken), darüber gehen die Meinungen auseinander. Ein telefonischer Erstkontakt hat den Vorteil, dass Sie einen ersten Eindruck des potenziellen Partners gewinnen und Ihr weiteres Vorgehen darauf abstimmen können. Und auch Ihr Gegenüber macht sich natürlich ein erstes Bild von Ihnen und wird Ihr Angebot sorgfältiger prüfen, wenn sein Eindruck positiv ist (mehr dazu unten). Setzen Sie in kommunikativen Branchen (zum Beispiel Werbung, PR, Medien, Beratung, Training) eher auf das Telefon. In konservativerem Umfeld kann ein schriftlicher Erstkontakt zielführender sein. Wenn eine größere Organisation einen Kooperationsmanager hat, sollten Sie nicht zögern, ihn anzurufen.

„Kalte" Kontakte zu überzeugen, ist wie jede Form der Kaltakquise nicht einfach. Vielleicht können Sie den einen oder anderen Kontakt etwas „anwärmen", bevor Sie die Initiative ergreifen? Ihre Möglichkeiten:

- Knüpfen Sie gezielt Kontakte in Business-Netzwerken, auf Veranstaltungen, bei Seminaren. Existenzgründer können schon in Veranstaltungen, mit denen sie sich auf die Selbstständigkeit vorbereiten, die Augen nach Verbündeten offen halten. Betrachten Sie Kooperationsmarketing als langfristige Strategie, die Ihr Business begleitet und fördert.
- Lernen Sie das Unternehmen, das Sie interessiert, als Kunde kennen (wenn sich das anbietet). Sie gewinnen einen zuverlässigen Eindruck von Service und Produktqualität und werden ernster genommen.
- Empfehlen Sie das Unternehmen weiter, beteiligen Sie sich an existierenden Partnerprogrammen (Affiliate-Systeme, Tell-A-Friend-Funktionen). Wenn Sie dem Unternehmen Umsatz beschert haben, werden Sie ihm gleich sympathischer.
- Überlegen Sie, ob Sie jemanden kennen, der sich als Türöffner eignet. Gibt es jemanden in Ihrem Netzwerk, der Sie dem Ansprechpartner als vertrauenswürdigen Geschäftspartner vorstellen kann?

Überzeugen Sie am Telefon

„Guten Tag, mein Name ist … Ich bin … [Ihre Positionierung in einem Satz] und möchte Ihnen einen geschäftlichen Vorschlag machen. Ich bin durch … [konkreter Aufhänger, der Sie als gut informiert zeigt] auf Sie aufmerksam geworden. Es geht um eine Marketing-Kooperation." So oder so ähnlich könnte ein erstes Telefonat beginnen. Wenn Ihr Gesprächspartner bisher noch nichts über Sie weiß und keine Unterlagen erhalten hat, geht es primär darum, sein Interesse zu wecken und einen seriös-kompetenten Eindruck zu hinterlassen. Dabei hilft eine Empfehlung enorm („Herr X hat Sie auf meinen Anruf schon vorbereitet"). Treten Sie geschäftsmäßig, sachlich und höflich auf; vermeiden Sie marktschreierische Töne. Als „todsicheres Geschäft" mit „traumhaften

Interesse wecken

Verdienstmöglichkeiten" werden in der Regel Himmelfahrtskommandos angepriesen. Setzen Sie sich bewusst davon ab.

Auf Gegenfragen souverän reagieren Rechnen Sie damit, dass Ihr Gegenüber auf Ihr knappes Eingangsstatement mit Gegenfragen reagiert, etwa

- „Wer sind Sie?": Hier sollten Sie eine positive Kurzpräsentation parat haben – etwa 30 Sekunden dazu, was Sie tun, wer Ihre Kunden sind und worin Ihr Alleinstellungsmerkmal besteht.
- „Worum geht es?": Hier ist eine grobe Skizze des Angebots empfehlenswert – genug, um die Phantasie Ihres Gegenübers zu beflügeln, aber keine Details.
- „Wie sind Sie auf uns gekommen?": Hier ist eine präzise Begründung gefragt, die auf gute Recherche und Vorbereitung schließen lässt und den Eindruck vermittelt, „da könnte was dran sein".

Mögliche Einwände Seien Sie auf typische Einwände vorbereitet, etwa

- „Das brauche ich nicht." Ihre Reaktion: Fassen Sie den Vorteil für den anderen in einem Satz zusammen: „Sie erschließen damit ohne Mehraufwand eine neue Zielgruppe" oder „Sie könnten durch eine Umsatzbeteiligung nach meiner Berechnung etwa x Euro weiteren Umsatz im Monat machen."
- „Marketing kann ich mir nicht leisten." Ihre Reaktion: „Für Sie fallen keine Kosten an (außer …)" oder „Die Kosten trägt unser Unternehmen" oder „Nach meiner Berechnung fallen Kosten bis maximal x Euro an, und das bei zusätzlichen Umsätzen in Höhe von y Euro."
- „Wer weiß, ob das überhaupt funktioniert!" Ihre Reaktion: „Ich schicke Ihnen gerne Unterlagen, damit Sie das in Ruhe prüfen können." Alternativ können Sie Präzedenzfälle zitieren oder einen Testlauf vorschlagen, um die Idee auf den Prüfstand zu stellen.
- „Woher weiß ich, dass Sie nicht nur an meine Kundendaten kommen wollen?" Ihre Reaktion: „Ich verstehe, dass Sie vorsichtig sind, zumal Sie mich nicht kennen. Bitte werfen Sie erst

einmal einen Blick auf die Unterlagen, die ich Ihnen sende. Natürlich würden wir solche Risiken vertraglich ausschließen.“

Bedenken entkräften

Zur Vorbereitung gehört auch, sich so gut wie möglich in die Gegenseite hineinzuversetzen: Welche Bedenken hätten Sie selbst, wenn Sie auf dem anderen Stuhl säßen? Wie lassen sich diese Bedenken entkräften?

Wenn Ihr Ansprechpartner durch einen Mitarbeiter (Sekretärin, Assistent) abgeschirmt wird, schildern Sie diesem Ihr Projekt ebenfalls kurz und positiv. Seien Sie freundlich und höflich und kündigen Sie schriftliche Unterlagen an. Sorgen Sie dafür, dass man Sie in positiver Erinnerung behält.

Geschickt nachfassen

Haben Sie vorab Unterlagen geschickt, fassen Sie nach drei bis vier Tagen nach. Seien Sie darauf vorbereitet, die Idee und Ihre Vorteile noch einmal in wenigen Sätzen auf den Punkt zu bringen. In vielen Fällen wird Ihr Gesprächspartner geblättert und einen allgemeinen Eindruck gewonnen haben. Setzen Sie nicht voraus, dass er das Projekt komplett durchdacht und in allen Einzelheiten im Kopf hat. Eröffnen können Sie das Gespräch mit dem Angebot, die Eckdaten des Vorschlags kurz zusammenzufassen. Reagieren Sie anschließend auf Fragen und beenden Sie das Telefonat möglichst mit einer Terminvereinbarung für ein Kennenlerngespräch.

Wichtig: Treten Sie in solchen Gesprächen niemals als Bittsteller auf, sondern als jemand, der ein lukratives Geschäft vorschlägt. Sollten Sie trotz bester Vorbereitung und guter Argumente auf Granit beißen, akzeptieren Sie das einfach und verschwenden Sie Ihre Zeit nicht weiter: Jeder hat ein Recht auf seine eigene Meinung. Möglicherweise gibt es Gründe für die Ablehnung, die Sie als Außenstehender nicht wissen können.

Versenden Sie überzeugende Unterlagen

AIDA-Formel

Lassen Sie einem Ersttelefonat schriftliche Unterlagen folgen. Wenn Ihr Gegenüber nicht ausdrücklich eine Mail wünscht, fahren Sie mit wertig gestalteten Papierunterlagen besser. Formulieren Sie einen kurzen Brief, der Ihren Vorschlag knapp umreißt, vertrauenswürdig und seriös wirkt und den Empfänger zum Handeln motiviert. Dabei bewährt sich nach wie vor die klassische AIDA-Formel aus der Werbung (Aufmerksamkeit > Interesse > Desire/Wunsch > Aktion).

Ein Beispiel:

[Firmenbriefkopf]

Aufmerksamkeit
durch Betreffzeile,
die Vorteil benennt

Mehr Umsatz durch eine Marketing-Kooperation unserer Unternehmen

Sehr geehrter Herr Meier,

wie telefonisch kurz geschildert, bin ich auf Ihr Unternehmen aufmerksam geworden, weil Ihre Produktpalette von ……… und mein Angebot ……… sich perfekt ergänzen und nach meinen Recherchen dieselbe Zielgruppe erreichen.

Interesse
verstärken durch
Konkretisierung

Ich schlage Ihnen daher eine Zusammenarbeit vor, mit der Sie ohne nennenswerten Mehraufwand einen zusätzlichen Monatsumsatz in vierstelliger Höhe generieren können. Die Grundidee: Sie empfehlen mein Angebot Ihrem Kundenkreis via Newsletter, Mailing und Homepage und profitieren mit einer attraktiven Umsatzbeteiligung von resultierenden Bestellungen. Da unsere Produkte nicht miteinander konkurrieren, handelt es sich ausschließlich um Zusatzumsätze.

Einwand
vorwegnehmen,
Wunsch nach
Umsetzung wecken

Mehr Informationen zu uns finden Sie in den beigefügten Unterlagen. Wir erreichen zurzeit x Kunden im y Segment mit stetig steigenden Umsätzen. Eine ähnliche Kooperation mit der ABC-GmbH hat unsere Erwartungen weit übertroffen. Gerne nenne ich Ihnen auch persönliche Referenzen. Damit Sie sich von der Qualität unseres Produktes überzeugen können, füge ich außerdem ein ………….. bei.

Aktion
anstoßen durch
konkrete Auf-
forderung

Gerne erwarte ich Ihren Anruf unter 06543/2109-87 oder mobil unter 0171/1234567, freue mich auf ein vertiefendes Gespräch und verbleibe

mit den besten Grüßen

Einem solchen Schreiben fügen Sie Firmenprospekte (Flyer, Imagebroschüre) und weitere Unterlagen bei, die Sie in einem positiven Licht erscheinen lassen und das Vertrauen in die Seriosität Ihres Angebots stärken (zum Beispiel Referenzlisten, Kundenstimmen, Presseartikel, Auszeichnungen). Treten Sie selbstbewusst, aber nicht marktschreierisch auf und präsentieren Sie sich als erfolgreicher Geschäftspartner. Weitere Tipps:

- Gehen Sie auf das Telefonat ein, vertiefen Sie etwa Aspekte, die Ihr potenzieller Partner dort angesprochen hat.
- Stimmen Sie Ton und Stil Ihres Schreibens auf den Gesprächspartner ab. Wer am Telefon knapp und „zackig" auftritt, ist mit einer knappen Darstellung (etwa einer kurzen Aufzählung der Kernpunkte) eher zu begeistern als mit umfänglichen Ausführungen. Wer gern weiter ausholt und Wert auf klassische Umgangsformen legt, wird auf einen eher konservativ gehaltenen Brief positiv reagieren.
- Vermeiden Sie Konjunktive (würde, könnte, möchte), reden Sie Klartext.
- Vergessen Sie nicht, den Vorteil für die andere Seite in den Mittelpunkt zu rücken.
- Werden Sie konkret, ohne allzu sehr in die Details zu gehen. Präzedenzfälle (bestehende erfolgreiche Kooperationen) sind ein starkes Argument. Wenn Sie darauf nicht verweisen können, machen Sie eine kurze Beispielrechnung auf, die die Möglichkeiten der Kooperation verdeutlicht – mehr hierzu finden Sie im Folgenden (S. 109 f.). Wenn Ihr Gegenüber bereits erkennbar erfolgreich mit anderen Unternehmen kooperiert, ziehen Sie diese Vorbilder heran.
- Achten Sie darauf, dass klar wird: Sie wenden sich mit gutem Grund gerade an diesen Adressaten. Es handelt sich nicht um ein Serienschreiben, sondern Sie haben sich über das andere Unternehmen informiert.
- Achten Sie auf gutes Papier und einwandfreie Optik (etwa eine „gediegene" Präsentationsmappe). Solche Äußerlichkeiten wirken stärker, als die meisten Menschen wahrhaben wollen.
- Legen Sie Ihre Visitenkarte bei.

- Wenn vorhanden, nennen Sie Referenzen („Folgende Geschäftspartner geben Ihnen gerne über mich Auskunft … ").

Werbung für sich selbst machen

Es geht in dieser Phase nicht nur darum, für Ihr Projekt zu werben: Gleichzeitig machen Sie auch Werbung für sich selbst, für Ihre Person und für Ihr Unternehmen. Sorgen Sie dafür, dass es sich um Positivwerbung handelt! Auch als Existenzgründer sollten Sie Ihr Licht nicht unter den Scheffel stellen. Wer Erfolg haben will, tritt am klügsten so auf, als habe er ihn bereits. Präsentieren Sie sich also professionell und zielstrebig. Nur dann wird Ihr Ansprechpartner genügend Vertrauen fassen, um in konkrete Verhandlungen einzusteigen.

Argumente:
Die andere Seite überzeugen

Das erste Treffen

Wenn Ihr Erstkontakt erfolgreich war, vereinbaren Sie ein erstes persönliches Treffen. Überlegen Sie vorab, ob dieses Meeting beim potenziellen Partner, bei Ihnen oder auf neutralem Boden stattfinden soll. Sie kommen Ihrem Gegenüber entgegen, wenn Sie die Reise auf sich nehmen. Außerdem können Sie sich auf diese Weise einen Eindruck vom Partnerunternehmen verschaffen. Auf der anderen Seite könnten sachliche Gründe dafür sprechen, sich in Ihrem Unternehmen zu treffen (etwa, damit Ihr Gesprächspartner die Möglichkeit hat, Ihr Angebot in Augenschein zu nehmen). Wenn Sie einen anderen Treffpunkt vorschlagen, achten Sie darauf, dass er einen ansprechenden Businessrahmen bietet – die Lobby eines teuren Hotels oder ein angemieteter Besprechungsraum sind da eher geeignet als das plüschige Café um die Ecke.

Kurz und wirksam: die erste Präsentation

Bereiten Sie sich sorgfältig auf dieses Treffen vor. Am besten haben Sie eine kurze „Mini-Präsentation" vorbereitet, die das Vorhaben weiter konkretisiert, wenn auch noch längst nicht in allen Details ausbreitet. Sehr wirksam ist es, wenn Sie Ihrem Ansprechpartner wieder ein bisschen mehr als am Telefon bieten. Denken Sie außerdem daran: Sie selbst haben sich mit diesem Projekt schon Wochen, wenn nicht Monate beschäftigt und es in Ruhe durchdacht. Für Ihr Gegenüber ist es neu und noch dazu vielleicht die erste Kooperation. Daher gilt die bewährte Maxime KISS – Keep it short and simple! Folgende Botschaften sollten Sie transportieren:

- Der Aufwand für Ihr Gegenüber ist gering. Sie könnten bei einem sehr attraktiven Partner auch anbieten, den Aufwand komplett selbst zu übernehmen – beispielsweise für eine Host/Beneficiary-Kooperation ein professionelles Mailing texten zu lassen.
- Es geht um zusätzliche Umsätze, neue Kunden, Erweiterung des Produktportfolios o. ä. – also nichts, was sein bestehendes Geschäft schmälert (keine Kannibalisierungseffekte).
- Wenn das Gespräch erfolgreich ist, wird man gemeinsam eine Vereinbarung treffen, mit der beide Seiten sich wohl fühlen. Sollte Ihr Gegenüber skeptisch sein, bieten Sie einen Vorabtest im kleinen Rahmen an, der die Attraktivität des Angebots belegt.

Für die Gesprächsführung hat der Marketingexperte Jay Abraham acht Power-Regeln formuliert, die seine langjährige geschäftliche Erfahrung mit Joint Ventures – und im Umgang mit Menschen überhaupt – auf den Punkt bringen. Sie sind so treffend, dass ich sie hier in übersetzter Form wiedergebe.

Tipps für die Gesprächsführung

---

8 Power-Prinzipien für erfolgreiche Marketing-Kooperationen

(Jay Abraham)[2]

1. Seien Sie ein guter Zuhörer.
2. Sprechen Sie die Sprache Ihres Gegenübers.
3. Lassen Sie Ihr Gegenüber erklären, was er oder sie wirklich braucht.
4. Seien Sie ein Problemlöser.
5. Konzentrieren Sie sich auf den anderen, nicht auf sich selbst.
6. Verstehen Sie die Gefühle und Motive Ihres Gegenübers.
7. Halten Sie Ihre Kontakte nicht für selbstverständlich.
8. Seien Sie authentisch.

Ein kurzer Blick auf diese Liste von Verhaltensempfehlungen zeigt: Es handelt sich nicht um spezielle Marketingregeln, nicht einmal um spezielle Businessregeln, sondern letztlich um Tipps für gute Kommunikation. Im Business wird manchmal vergessen, dass Geschäfte ganz wesentlich von einer guten Beziehung zwischen den Partnern abhängen, nicht allein von guten Sachargumenten. Und was so simpel klingt, ist gar nicht so leicht umzusetzen. Einige Hinweise:

1. Seien Sie ein guter Zuhörer.

Hinweise zu den Power-Prinzipien

Wann empfinden Sie selbst ein Gespräch als geglückt? Wenn Sie viel zuhören und schweigen mussten – oder wenn Sie ausführlich zu Wort kamen? Die Antwort liegt auf der Hand, und doch versuchen viele Menschen in Gesprächen und Verhandlungen zu gewinnen, indem sie die andere Seite mit Informationen überhäufen. Seien Sie die positive Ausnahme. Je mehr Redeanteile Ihr Gegenüber hat, desto besser für Sie.

2. Sprechen Sie die Sprache Ihres Gegenübers.

Gute Geschäfte basieren auf Vertrauen

Stellen Sie sich ein Gespräch vor – sagen wir, zwischen einem hemdsärmeligen Familienunternehmer und dem Senior Berater einer großstädtischen Werbeagentur, dem das übliche Marketing-Denglisch in Fleisch und Blut übergegangen ist. Gut möglich, dass ihre Zusammenarbeit schon an dieser Sprachbarriere scheitert. Sie unterminiert das Vertrauen, auf dem gute Geschäfte basieren. Sprechen Sie deshalb möglichst die Sprache Ihres Gegenübers. Achten Sie auf Schlüsselworte und benutzen Sie sie. Vermeiden Sie den eigenen Branchenjargon, wenn Sie mit Vertretern einer anderen Branche verhandeln. Versuchen Sie nicht, die Gegenseite mit Fachvokabular zu beeindrucken.

3. Lassen Sie Ihr Gegenüber erklären, was er oder sie wirklich braucht.

Keiner mag es, wenn man ihm seine Welt erklärt. Das ist die Gratwanderung, die Sie bestehen müssen, wenn Sie einen Kooperationsvorschlag unterbreiten. Sie gehen von fundierten (weil auf Recherche beruhenden) Hypothesen über das Geschäft Ihres Gegenübers aus. Auf dieser Basis fragen Sie, erkundigen Sie sich, ob Ihre Einschätzung zutrifft: „Stimmt es, dass …?", „Wie schätzen Sie … ein?", „Mein Eindruck ist … . Liege ich da richtig?"

Feingefühl ist gefragt

4. Seien Sie ein Problemlöser.

Das ist nicht nur die ultimative Businessstrategie (siehe das Kapitel zur Positionierung Seite 59), sondern auch der Schlüssel zum erfolgreichen Umgang mit Geschäftspartnern, Vorgesetzten und Kollegen. Konzentrieren Sie sich darauf, was Sie für den anderen tun können. Machen Sie Vorschläge, statt zu problematisieren. Geben Sie Unterstützung, statt zu fordern. Bieten Sie Ihrem Partner optimalen Service, indem Sie Abläufe vorausdenken, Mailings texten (lassen), weitere Dienstleister ins Boot holen (und berücksichtigen Sie das, wenn Sie über Provisionen und Gewinnbeteiligungen diskutieren).

Konstruktive Vorschläge machen

5. Konzentrieren Sie sich auf den anderen, nicht auf sich selbst.

„Jeder denkt nur an sich! Bloß ich – ich denke an mich!" Vielleicht kennen Sie diesen ironischen Spruch. Paradoxerweise erwarten wir gern von anderen, was wir selbst nicht zu leisten bereit sind. Das heißt nicht, dass Sie Ihre Interessen vernachlässigen und zu allem Ja und Amen sagen sollten. Aber wer sich erkennbar auf den anderen einstellt, gewinnt seine Sympathie und sein Vertrauen.

Sich auf den anderen einstellen

6. Verstehen Sie die Gefühle und Motive Ihres Gegenübers.

Einen guten Draht zum Partner herstellen

Was treibt Ihr Gegenüber an, worauf legt er oder sie Wert? Für den einen sind es Status und Renommee, für den anderen ist es Sicherheit, für einen Dritten zählen Harmonie und Einvernehmen oder Geld und Gewinn. Manche Menschen erreichen Sie mit Visionen und Begeisterung, andere mit Fakten und Zahlen, wieder andere mit einem „Rundum-sorglos-Paket", bei dem Sie an alles gedacht haben. Finden Sie heraus, wie Ihr Gegenüber „tickt", und stellen Sie sich darauf ein.

7. Halten Sie Ihre Kontakte nicht für selbstverständlich.

Großzügigkeit zahlt sich aus

Pflegen Sie Geschäftskontakte, geben Sie dem anderen das Gefühl wichtig zu sein. Das fängt beim prompten Rückruf an und hört bei Hinweisen und nützlichen Tipps noch lange nicht auf. Je großzügiger Sie selbst sind, desto mehr bekommen Sie zurück. Sie sollten sich also nicht weniger bemühen, sobald Sie das Gefühl haben, der andere ist überzeugt.

8. Seien Sie authentisch.

Offenheit kommt gut an

Versuchen Sie nicht, Rollen zu spielen, die nicht zu Ihnen passen. Werden Sie als Person greifbar, indem Sie (dosiert) auch Persönliches preisgeben. Stehen Sie zu dem, was Sie sagen. Die meisten Menschen können damit leben, wenn ihr Gegenüber eine andere Einschätzung höflich vorbringt. Woran sie sich auf Dauer stoßen ist, wenn sie nicht wissen, woran sie sind.

Fragen Sie sich allmählich, was das Ganze noch mit Marketing-Kooperationen zu tun hat? Eine ganze Menge, denn um Partner von Ihrer Idee zu überzeugen, müssen Sie ein guter Kommunikator sein. Seien Sie jemand, mit dem man gern zusammenarbeiten würde. Wenn Sie dann noch die richtigen Sachargumente parat haben, stehen die Chancen auf eine Einigung sehr gut. Zu den besten Sachargumenten gehören überzeugende, unmittelbar plausible Beispielrechnungen.

Beispielrechnung 1

Ihr Partner vertreibt seine Produkte bisher nur stationär und damit regional. Sie bieten ihm eine zusätzliche überregionale Vermarktung in Ihrem Online-Shop an. Nehmen wir an, er hat einen Monatsumsatz von 20.000 Euro und einen Deckungsbeitrag von 60 Prozent. Das heißt konkret, 60 Prozent seiner Einnahmen kann Ihr Gegenüber zur Deckung sämtlicher Kosten (Gehälter, Miete, Tilgung von Krediten, eigenes Einkommen) einsetzen, die restlichen 40 Prozent kostet ihn seine Ware. Arbeiten Sie mit plausiblen Annahmen; Ihr Gegenüber wird Sie im Geiste auf seinen Fall anpassen.

100 Euro Umsatz bringen Ihrem Partner also 60 Euro Deckungsbeitrag und kosten ihn 40 Euro Wareneinsatz. Sie bieten gegen eine Umsatzprovision von 20 Prozent einen risikolosen Zusatzumsatz. Weitere 10 Prozent vom Umsatz veranschlagen Sie für Logistik (Bestellannahme und Versand). Für Ihre Provision erhält er im Gegenzug Zugang zu 5.000 potenziellen Neukunden (so viele Bestandskunden haben Sie in Ihrer Adresskartei, die wöchentlich wächst) und profitiert von Ihrem guten Ruf unter Ihren Kunden. Bei konservativ geschätzt 50 monatlichen Bestellungen mit einem Durchschnittsumsatz von 100 Euro sind das monatlich 5.000 Euro (oder 25 Prozent mehr) Umsatz bzw. 3.000 Euro mehr an Deckungsbeitrag. Unter Umständen steigt der Gesamtgewinn noch um ein Vielfaches (überproportional).

Beispielrechnung 2

Sie möchten Ihr Gegenüber für ein gemeinsames Event (ein Fest, eine interessante Vortragsveranstaltung) gewinnen (Cross-Promotion). Dafür veranschlagen Sie ein Budget von 8.000 Euro, das hälftig geteilt werden soll. Sie befürchten, dass Ihr Wunschpartner das Ganze als zu teuer ablehnen wird. Um dem zu begegnen, können Sie folgende Rechnung aufmachen: Ihr Gegenüber schaltet regelmäßig Anzeigen in der größten regionalen Tageszeitung. Sein Werbebudget allein dafür dürfte etwa 1.000 Euro monatlich betragen (Anzeigenpreise sind über Mediadaten der Zeitschriften leicht zu recherchieren – und wie oft inseriert wird, sehen Sie ja). Wie viele Neukunden hat Ihr Gegenüber im letzten halben Jahr dadurch gewonnen (also nicht durch Mundpropaganda oder auf anderen Wegen)? Nehmen wir an, es wären 60. Jeder neue Kunde hätte dann 100 Euro Werbekosten verschlungen. Beim geplanten Marketingevent rechnen Sie mit 500 Besuchern. Wenn nur jeder Zehnte als Neukunde gewonnen werden kann, sind das Akquisekosten von 80 Euro pro Kunde. Imagegewinn und PR-Effekt durch die Presseberichterstattung sind dabei noch gar nicht berücksichtigt. Veranschlagt man den gesamten Kundenertragswert oder customer lifetime value (siehe Kapitel 2: *Win-win in Reinkultur*) kann die Kalkulation noch weit positiver aussehen, da einige der Neukunden zu Bestandskunden werden und Ihrem Partner langfristig Umsätze bescheren dürften.

Erfolgsbeispiele anführen

Rechnen Sie bewusst konservativ; das stärkt das Vertrauen in Sie und das Projekt. Gehen Sie von plausiblen Grundannahmen aus und beschränken Sie sich auf wesentliche Eckdaten, damit Ihre Rechnung gut nachvollziehbar ist. Versuchen Sie nicht, dem möglichen Marketingpartner Informationen zu entlocken, die er nicht preisgeben möchte, aber fragen Sie ruhig, ob Ihre Annahmen realistisch sind. Daneben können Sie natürlich auch Erfolgsbeispiele bereits realisierter Kooperationen anführen. Wenn meine Klienten in Marketingberatungen zögern, sich auf das Thema Kooperationen einzulassen, führe ich gerne das Beispiel eines Handwerksbetriebes an, der Sonnenschutz und Markisen fertigt und auf meinen Rat hin unter anderem mit einem Büroeinrichter kooperierte. Wer ein Büro oder Bürogebäude neu möbliert, braucht häufig eben auch Sonnenschutzvorrichtungen. Allein durch eine einzige Empfehlung kam so ein Auftrag mit einem Umsatz von 120.000 Euro zustande. Das Büromöbelhaus erhielt eine Provision.

Weitere Argumente

Nicht alle Verhandlungspartner überzeugen Sie (allein) mit Zahlen. Hier weitere Argumente, die Sie einbringen können:

- *für Risikoscheue*: eine klar begrenzte Testphase (je nach Vorhaben drei bis sechs Monate), nach der beide Seiten entscheiden, ob man die Kooperation fortsetzen will;

- *für „Visionäre"*: Darstellen, was man mit den zusätzlichen Umsätzen alles anschaffen, umsetzen, bewegen – vom Relaunch der Website bis zur Einstellung weiterer Personals;
- *für Ambitionierte*: Darstellen, welche Wettbewerbsvorteile die Kooperation gegenüber der Konkurrenz verschafft;
- *für eher Bequeme*: Anbieten, dass Sie das Gros der Vorbereitung und Umsetzung gegen eine entsprechend höhere Umsatzbeteiligung übernehmen.

Testen Sie Ihr Konzept und Ihre Argumentation vor dem entscheidenden Gespräch mit einem kompetenten Sparringspartner, der sich nicht scheut, zu bohren und nachzuhaken. Eine vielversprechende Kooperation ist ohne umständliche Erläuterungen unmittelbar schlüssig, stiftet einen erkennbaren Kundennutzen und hat Vorteile für beide Partner. Klären Sie vorab auch, welche Geschäftsdaten Sie gegenüber jemandem, mit dem Sie noch nicht gearbeitet haben, preisgeben wollen. Der niederländische Kooperationsexperte Alfred Griffioen verdeutlicht die neuralgischen Bereiche mit einer simplen Matrix.

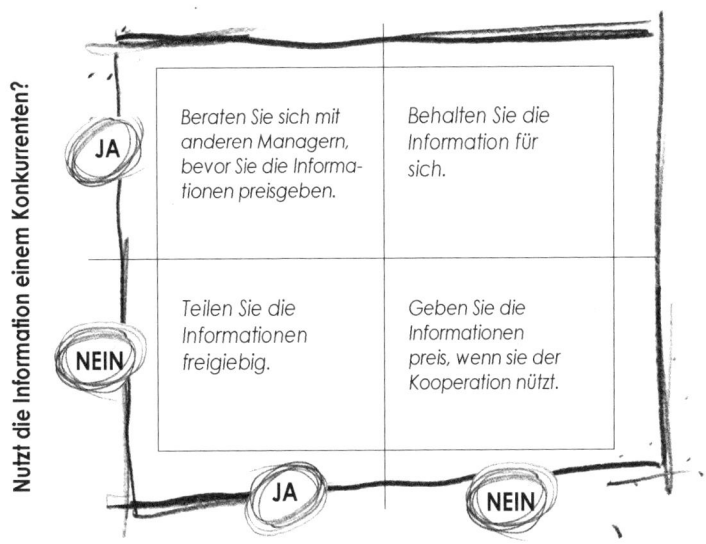

Zur Informationspolitik in Kooperationsgesprächen (nach Alfred Griffioen)[3]

Ihr Gegenüber möchte keinen Fehler machen, wenn er sich auf eine Zusammenarbeit mit Ihnen einlässt. Durch eine solide Argumentation begegnen Sie dieser Sorge am besten. Auch Sie selbst sollten vorsichtig sein und prüfen, auf was und wen Sie sich einlassen. Das betrifft das Offenlegen eigener Firmeninterna ebenso wie die voreilige Preisgabe von guten Ideen, die Ihr Gesprächspartner dann nicht mit Ihnen, sondern mit jemand anderem realisieren könnte.

Konzept im zweiten Schritt konkretisieren

Wenn beide Partner am Ende des Erstgesprächs übereinkommen, dass sie die Kooperationsidee weiterverfolgen möchten, ist ein zweites Gespräch empfehlenswert, in dem man das Konzept gemeinsam konkretisiert. Hier werden Ideen zusammengetragen, grobe Zeitpläne entwickelt, Aufgabenverteilungen vorbesprochen. Kooperationen leben vom gegenseitigen Geben und Nehmen; idealerweise begreifen beide Seiten das Projekt daher von nun an als gemeinsames. Sind Mitarbeiter beider Unternehmen in die Umsetzung involviert (etwa aus der Werbe- oder Vertriebsabteilung), empfiehlt sich ein gemeinsamer Workshop. Ob dieser bereits jetzt oder nach Vertragsschluss stattfinden sollte, hängt vom Projekt ab: Wird noch Input für die Präzisierung des Konzepts gebraucht? Will man den Kreis der Mitwisser erst einmal klein halten? Grundsätzlich gilt: Wer früh mit ins Boot geholt wurde, rudert später bereitwilliger mit. Sichern Sie solche weitergehenden Gespräche durch eine Geheimhaltungsvereinbarung ab, wenn Sie mit einem neuen Partner zusammenarbeiten. Muster dafür finden Sie im Internet, beispielsweise auf den Seiten der Industrie- und Handelskammern.

Einigung: Einen Vertrag schließen

Notwendige Absicherung durch Vertrag

„Wenn man einem Menschen trauen kann, erübrigt sich ein Vertrag. Wenn man ihm nicht trauen kann, ist ein Vertrag nutzlos", so der US-Milliardär Jean Paul Getty. Trotzdem geht es im Business nicht ohne Verträge, schon aus einem einfachen Grund: Eine präzise schriftliche Fixierung zwingt zur Eindeutigkeit und zu klaren Statements. Spätestens bei der Vertragsverhandlung sollte sich daher herausstellen, ob beide Seiten bei der Kooperation tatsächlich denselben Film im Kopf haben. Außerdem wird möglicherweise noch der eine oder andere Aspekt ins Bewusstsein gerückt, den man zuvor nicht mitbedacht hat, was Ablauf, Zuständigkeiten und finanzielle Regelungen angeht. Und schließlich bildet die Vertragsverhandlung eine letzte Möglichkeit, die Notbremse zu ziehen, wenn die Gespräche eine unerfreuliche Wendung nehmen und Ihnen Zweifel an der Vertrauenswürdigkeit des Partners kommen.

Für eher lose und kurzfristige Kooperationen mag ein formloses schriftliches Agreement genügen – etwa für eine einmalige Newsletter-Empfehlung im Rahmen einer Host/Beneficiary-Zusammenarbeit oder für ein überschaubares Werbeprojekt (Cross-Advertising). Bei weitergehenden Kooperationen empfiehlt sich ein Vertrag, den Sie sicherheitshalber von einem Anwalt prüfen lassen sollten. Nutzen Sie den Juristen als Berater im Hintergrund; mit einem Anwalt in die Verhandlung zu gehen, ist kein gutes Signal. Hinzu kommt: Juristen konzentrieren sich berufsbedingt ganz auf Gefahren und mögliche Fallstricke eines Vorhabens. Und so wichtig dies ist – im Verhandlungsgespräch kann es dazu führen, dass plötzlich Risiken über Risiken thematisiert werden und so das ganze Projekt kaputtgeredet wird. Am besten setzen Sie selbst einen Rohentwurf für die Vereinbarung auf, in dem Sie alle Punkte auflisten, die Ihnen wichtig sind, und geben diesen zur Durchsicht an einen Fachanwalt weiter. Damit ist gewährleistet, dass Ihre Interessen gewahrt sind.

Anwalt prüft im Hintergrund

Jedes Projekt ist anders, und dieses Kapitel kann eine juristische Beratung nicht ersetzen. Deshalb hier nur grundsätzliche Hinweise. An welche Punkte sollten Sie bei der Formulierung eines Vertragsentwurfs denken?

Checkliste: Was gehört in einen Kooperationsvertrag?

☐ *Vertragspartner*: Zwischen wem wird der Vertrag geschlossen?
☐ *Verantwortliche*: Wer ist entscheidungsbefugt auf beiden Seiten? (Ggf. auch: Wer ist Stellvertreter bei Abwesenheit?)

- *Ziel der Kooperation*: Was soll erreicht werden? Welche Interessen verfolgen die Partner jeweils?
- *Inhalte der Kooperation*: Welche Maßnahmen sind konkret geplant? Welche Zielgruppe(n) sollen damit erreicht werden?
- *Zuständigkeiten*: Welche Aufgaben obliegen welchem der Partner? Wer macht also was?
- *Zeitplanung*: Was soll bis wann passieren?
- *Externe Partner*: Ist geplant, externe Dienstleister (wie Agenturen, Berater, Texter) heranzuziehen? Wer wählt sie aus? Wer ist für das Briefing verantwortlich? Wer nimmt Entwürfe ab?
- *Kosten*: Wer trägt welche Aufwendungen? Welches Budget veranschlagen die Partner? Was passiert bei unvorhergesehenen Mehrkosten?
- *Einnahmen*: Wie werden die Einnahmen (Umsätze oder Gewinne) verteilt?
- *Markennutzung*: In welcher Form darf der Partner wo mit Ihrer Marke werben? Wo darf er beispielsweise Ihr Logo platzieren – auf seiner Website, auf Flyern und anderen Werbematerialien? Je präziser Sie dies abstimmen, desto besser sind Sie vor bösen Überraschungen geschützt. Im Idealfall legen Sie Medien, Logogröße und Formulierungen ("In Kooperation mit XY", "Partner der ABC GmbH" usw.) exakt fest. Auch regionale Einschränkungen sind denkbar, etwa nach Bundesländern oder Postleitzahlen.
- *Haftung*: Wer haftet bei wettbewerbsrechtlichen Verstößen (z. B. wettbewerbswidriger Werbung), wer bei Produktmängeln? Juristen wie der Bremer Anwalt Eckard Nachtwey empfehlen bei der Produkthaftung eine gegenseitige Haftungsfreistellung zu vereinbaren, damit Sie nicht für Schäden zur Verantwortung gezogen werden können, die durch Mängel eines Partnerproduktes verursacht werden.[4]
- *Dauer*: Wann endet die Kooperation? Hier können Sie eine zeitliche Frist setzen (z. B. 12 Monate) oder ein sachliches Ergebnis (mit Durchführung der geplanten Maßnahme zu einem vorgesehenen Termin). Auf der sicheren Seite sind Sie, wenn Sie den Vertrag klar befristen und eine Verlängerung von der ausdrücklichen Zustimmung beider Seiten abhängig machen.
- *Kündigung*: Welche Ereignisse berechtigen zu einer außerordentlichen Aufkündigung des Vertrages? Neben Fehlverhalten des Part-

ners in Bezug auf die Kooperation kann hier auch Fehlverhalten in anderen Bereichen eine Rolle spielen – etwa, wenn das Unternehmen plötzlich Negativschlagzeilen macht. So sind Sie nicht dauerhaft an einen Partner gekettet, mit dem Sie nicht mehr in Verbindung gebracht werden möchten. Denken Sie nur an die Sponsorenverträge mit Leistungssportlern, die häufig in dem Moment enden, wenn ein Dopingverdacht sich erhärtet.

☐ *Geheimhaltungspflichten*: Über welche Bereiche vereinbart man Stillschweigen? Viele Partner legen Wert darauf, dass der andere sich ausdrücklich zum Stillschweigen über alle Firmeninterna, über die er im Verlauf der Kooperation Kenntnis erhält, verpflichtet.

☐ *Informationspflichten*: Welche Informationen müssen dem Partner auf Verlangen zugänglich gemacht werden? Wie wird beispielsweise die Transparenz von Kosten und Einnahmen gewährleistet? Möglicherweise ist die Einrichtung eines gemeinsamen Kontos, auf das Einnahmen fließen und von dem Ausgaben bestritten werden, eine Lösung; eine andere wäre der gemeinsame Zugriff auf Projekt-Datenbanken.

☐ *Datennutzung*: Was passiert mit Kundendaten, die Ihr Partner durch die Kooperation erhält (beispielsweise, wenn Sie ein Produkt Ihres Partners an Ihre Kunden empfehlen und Ihr Partner diese beliefert)? Hier sind datenschutzrechtliche Bestimmungen zu beachten. Außerdem möchten Sie möglicherweise vermeiden, dass Ihr Partner diese Daten im Anschluss an die Kooperation selbst weiter nutzt.

☐ *Wettbewerbsverbot*: Wenn Sie verhindern wollen, dass Ihr Partner die von Ihnen entwickelte Idee mit jemand anderem umsetzt oder nach Ende der Kooperation das entwickelte Geschäft allein durchzieht, können Sie dem durch ein Wettbewerbsverbot vorbeugen, das eine weitere Tätigkeit des Partners im selben Marktsegment für einen gewissen Zeitraum untersagt. Häufig werden dabei zwei Jahre angesetzt. Ein solches Wettbewerbsverbot ist allerdings nicht einfach durchzusetzen und kann das Gesprächsklima trüben.

Nicht alle Details müssen direkt in den Vertragstext eingearbeitet werden. Sie können im Vertrag auch auf Anlagen verweisen, auf die Sie sich vorher verständigt haben, beispielsweise einen Zeit-

Anlagen zum Vertrag

und Umsetzungsplan, Firmenrichtlinien zur Logoverwendung, Zielgruppendefinitionen, Ergebnisprotokolle wichtiger Gespräche etc. So wird der Vertrag nicht unnötig aufgebläht. Wie sehr Sie beim Vertrag ins Detail gehen wollen und wie umfassend Sie sich absichern, müssen Sie im Einzelfall entscheiden. Wenn Sie sich als kleiner Partner mit einem großen zusammentun oder wenn Sie Ihr Gegenüber nicht gut kennen, sollten Sie eher auf der Hut sein. Ganz verzichten sollten Sie auf schriftliche Vereinbarungen auf keinen Fall: Dann wird eine Marketing-Kooperation automatisch als Offene Handelsgesellschaft (OHG) gewertet, und damit haften beide Partner im Ernstfall unbeschränkt und gesamtschuldnerisch.[5] So lästig Vertragsfragen also sein mögen – es ist besser, vorher präzise Regelungen zu treffen, als hinterher viel Lehrgeld zu zahlen.

Durchführung: Das Projekt umsetzen

Nerven behalten, wenn es ernst wird

In der Planungsphase eines Marketingprojektes macht sich häufig Euphorie breit: Ist der Funke einmal übergesprungen, sind alle begeistert von der tollen Idee und schwelgen in den schönsten Umsatzerwartungen. Wenn es dann an die Umsetzung geht, tritt nicht selten Ernüchterung ein: Zum üblichen Tagesgeschäft kommen nun weitere Aufgaben hinzu; der Partner pflegt einen überraschend anderen Arbeitsstil als man selbst; ehe man sich versieht, ist man mit Terminen im Verzug und streitet womöglich auch noch über Kostenaufteilungen. Kurz gesagt: der übliche Sand im Alltagsgetriebe. Vorbeugen können Sie durch drei Maßnahmen:

1. einen Projektplan,
2. einen Kostenplan,
3. eine simple Kommunikationsregel: rechtzeitig miteinander reden statt sich ärgern!

Projektplan

Wenn Ihr gemeinsames Konzept steht, legen Sie die einzelnen Arbeitsschritte fest und ordnen ihnen Verantwortliche und Termine zu. Machen Sie die Sache nicht komplizierter als nötig. Im Allgemeinen reicht eine Übersicht nach folgendem Muster:

Arbeitsschritte festlegen

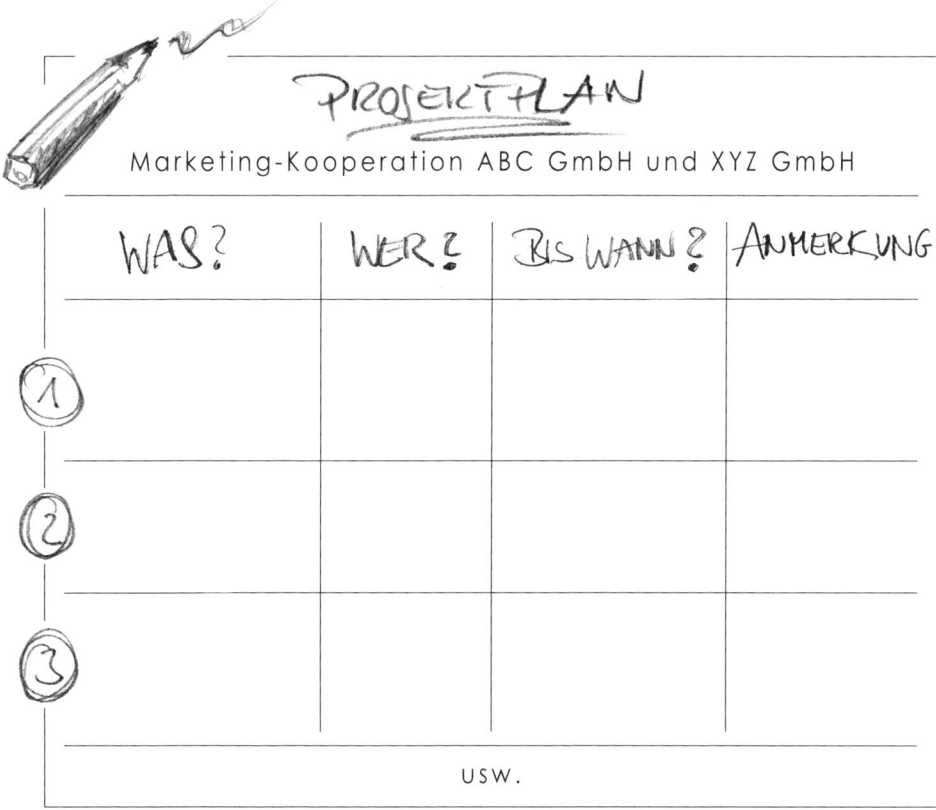

Gehen Sie bei der Terminplanung vom Zeitpunkt aus, zu dem das Projekt abgeschlossen sein muss – wann soll das Event stattfinden, die gemeinsame Anzeige erscheinen usw.? Rechnen Sie rückwärts und planen Sie genügend Puffer mit ein. Frei nach Murphy: Es geht immer etwas schief, und es dauert meistens länger als gedacht. Achten Sie bei Ihrer Zeitplanung auf günstige oder weniger

Puffer einplanen

günstige Termine – legen Sie Ihre Veranstaltung nicht gerade auf ein verlängertes Brückenwochenende, an dem die halbe Stadt ausgeflogen ist; berücksichtigen Sie jahreszeitliche Umstände. Um noch einmal auf unser Beispiel der „Hochzeitsmafia" zurückzukommen: Im Mai heiraten immer noch die meisten Paare. Mindestens ein Vierteljahr vorher wäre also ein günstiger Termin für eine gemeinsame Aktion – nämlich dann, wenn potenzielle Kunden beginnen, ihre Hochzeit zu planen.

Gehen Sie selbst mit gutem Beispiel voran und erledigen Sie Ihre Jobs pünktlich und zuverlässig. So beugen Sie einem allgemeinen Schlendrian am ehesten vor. Verhindern Sie den Eindruck, anderes sei im Ernstfall immer wichtiger als das von Ihnen initiierte Projekt. Haken Sie frühzeitig nach, wenn Verzögerungen auftreten. Planen Sie persönliche Treffen ein, um in angemessenen Zeitabständen Zwischenbilanz zu ziehen: Was funktioniert? Wo gibt es Probleme? Ist ein Meeting vor Ort zu aufwändig, können Sie auch eine Telefonkonferenz organisieren.

Kostenplan

Kostenplan immer aktualisieren

Bei Vertragsschluss sollte bereits eine solide Kalkulation der Kosten vorliegen. Halten Sie diese durch einen fortlaufend ergänzten Kostenplan aktuell. Auch dafür genügt eine einfache Tabelle:

KOSTENPLAN

Marketing-Kooperation ABC GmbH und XYZ GmbH

POSTEN	BUDGET (Soll)	AUSGABEN (Ist)	DIFFERENZ-BETRAG	ANMERKUNG

USW.

Ob ein solcher Kostenplan funktioniert, steht und fällt damit, wie realistisch Sie kalkuliert haben. Planen Sie auch hier grundsätzlich Puffer mit ein. Wenn Sie externe Dienstleister verpflichten wollen und unsicher sind, wie hoch Sie diesen Posten veranschlagen sollen, holen Sie vorab Angebote ein. In vielen Bereichen (etwa Werbeagenturen, Texter, Anmietung von Räumen) gibt es beträchtliche Preis- und Qualitätsunterschiede. Wenn Sie sich zusammen mit Ihrem Partner frühzeitig nach möglichen Dienstleistern umsehen, können Sie auch ausloten, ob Sie bei der Auftragsvergabe eine ähnliche Linie verfolgen. Halten Sie den Kostenplan tagesaktuell. Mit einem Tabellenkalkulationsprogramm macht das wenig Mühe und sorgt dafür, dass Sie stets auf dem Laufenden sind.

Kommunikation

Fairness und Respekt

Solide Verträge und Projektübersicht durch Planungstabellen sind wichtig und hilfreich für eine gute Zusammenarbeit. Doch letztlich steht und fällt diese mit der direkten Kommunikation. Eine Kooperation wird nur dann langfristig Bestand haben, wenn die Partner fair und respektvoll miteinander umgehen. Wahrscheinlich werden Sie beim ersten gemeinsamen Projekt mehr oder weniger argwöhnisch beobachten, wie kooperativ sich Ihr Partner tatsächlich verhält. Gehen Sie davon aus, dass er es mit Ihnen genauso hält. Wie können Sie sich das Leben leichter machen?

- Treffen Sie alle wichtigen Entscheidungen gemeinsam. Berücksichtigen Sie dabei, dass die Meinungen darüber, was wichtig ist, auseinander gehen können. Es gibt sehr penible, detailverliebte Menschen und eher „lässige". Informieren Sie anfangs also lieber einmal zu viel als einmal zu wenig, bevor Sie Ihren Partner entsprechend einschätzen können.

- Konsultieren Sie Ihren Partner in wesentlichen Fragen auch dann, wenn die Entscheidung laut Vertrag bei Ihnen liegt. Beispiel: Für Catering und Dekoration einer gemeinsamen Veranstaltung sind Sie verantwortlich. Bevor Sie Dienstleistern den Zuschlag erteilen, bieten Sie Ihrem Partner an, einen kurzen Blick auf die Planung zu werfen. Das schafft Vertrauen und dient auch der Sache: Vier Augen sehen mehr als zwei.

- E-Mail ist ein wunderbares Medium für knappen Informationsaustausch. Bei kniffligen Fragen oder unterschiedlichen Sichtweisen greifen Sie lieber zum Telefon. Sonst riskieren Sie, dass der Schlagabtausch per E-Mail sich hochschaukelt, schon weil Texte größere Interpretationsspielräume eröffnen als ein direktes Gespräch.

- Ziehen Sie mit Ihrem Partner an einem Strang – und zwar auf derselben Seite ;-)! Vermeiden Sie auch, dass Ihre Teams sich gegenseitig Verantwortung und Aufgaben zuschieben, am besten durch klare Verantwortlichkeiten.

- Sprechen Sie Konflikte und Unstimmigkeiten frühzeitig an. Sagen Sie es offen, wenn Sie etwas stört. Konzentrieren Sie sich auf das Sachproblem und vermeiden Sie persönliche Angriffe. Mit Pauschalvorwürfen („Sie sind unzuverlässig!") bauen Sie nur Fronten auf. Mit sachlichen Hinweisen erreichen Sie eher eine Lösung („XY ist schon seit einer Woche überfällig. Das macht mir ziemliche Sorgen, weil …"). Wenn Sie sich im Stillen ärgern und hoffen, dass es von selbst besser wird, werden Sie in der Regel enttäuscht. Oder können Sie sich noch an etwas erinnern, das tatsächlich von selbst besser geworden ist? Also lieber früh miteinander reden, als später explodieren.

Nach Durchführung des Projektes sollten Sie gemeinsam Bilanz ziehen. Dafür bietet sich je nach Art der Kooperation ein Meeting an oder auch ein Workshop mit involvierten Mitarbeitern. Dort kann man diskutieren, was gut gelaufen ist, was weniger gut und was man nach jetzigem Kenntnisstand anders machen würde. Daneben wird Thema sein, ob man die Kooperation fortführen will, und wenn ja, in welcher Weise.

Erfolgskontrolle: Bilanz ziehen

Auf welchem Wege kommen Ihre Kunden zu Ihnen? Wie viel Geld verdienen Sie mit welchen Kunden? Welche Kundengruppe ist für Sie die lukrativste – jene 20 Prozent, mit denen Sie nach der bekannten 80/20-Regel[6] möglicherweise 80 Prozent Ihres Umsatzes machen? In manchen kleinen und mittelständischen Unternehmen ernte ich auf solche Fragen ratlose Blicke. Auch der Erfolg von Marketingmaßnahmen wird gerne aus dem Bauch heraus beurteilt: „Anzeigen? Hab ich schon versucht. Hat alles nichts gebracht!" Die Frage ist nur: Woher wissen Sie das?

Großunternehmen geben Millionen aus für Marktforschung und für ein ausgeklügeltes Controlling, das den Erfolg aller Maßnahmen misst. Freiberufler, Selbstständige und kleinere Unternehmen haben dieses Geld nicht. Trotzdem gibt es ein paar Daten, die auch Existenzgründer erheben können und die wichtig für strategische Entscheidungen sind:

- Fragen Sie Kunden routinemäßig, wie sie auf Ihr Angebot aufmerksam geworden sind.
- Fragen Sie außerdem, ob der Kunde Ihr Angebot das erste Mal nutzt oder früher schon bei Ihnen gekauft hat.

Im stationären Handel können Sie Listen führen und Ihre Kunden beiläufig fragen, während Sie die Ware verpacken. Im Online-Handel integrieren Sie die Fragen einfach in den Bestellvorgang (wobei Frage 2 sich bei Eingabe einer Kundennummer erübrigt). Als Berater oder Trainer stellen Sie die Fragen jedem Interessenten, der sich bei Ihnen meldet. Auf diese Weise gewinnen Sie wichtige Vergleichsdaten, an denen Sie den Effekt von Marketingmaßnahmen im Allgemeinen und Marketing-Kooperationen im Besonderen messen können. Außerdem empfehlen sich folgende Auswertungen:

- Ihr Monatsumsatz und seine Entwicklung
- der Durchschnittsumsatz pro Kunde
- wie oft kaufen Kunden im Schnitt bei Ihnen
- die 20 Prozent Ihrer Kunden, die am meisten kaufen (gibt es Gemeinsamkeiten?)

Messung des Erfolgs

Auch damit haben Sie Vergleichsdaten zur Erfolgsmessung konkreter Maßnahmen – und überdies Zahlenmaterial, das Sie (dosiert!) einsetzen können, um mögliche Kooperationspartner zu überzeugen. Schließlich können Sie nur dann beurteilen, was sich geändert hat, wenn Sie den Status quo kennen.

Sich an den Zielen orientieren

Außerdem setzt eine solide Erfolgsmessung klar definierte Ziele voraus. Was genau wollten Sie mit Ihrer Marketing-Kooperation erreichen? Zentrale Kooperationsziele sind im letzten Kapitel aufgeführt worden:

1. Marketingkosten senken
2. die bisherige Zielgruppe enger an sich binden
3. neue Kunden auf sich aufmerksam machen
4. die Nummer eins im Marktsegment werden
5. neue Zielgruppen ansprechen

Im ersten Fall ist die Erfolgsmessung ein simples Rechenexempel, im zweiten können Sie ausrechnen, ob sich die Frequenz der Käufe im Vergleich zu vorher erhöht hat. Für die Frage der Neukundengewinnung ist wichtig, dass Sie bei jedem Kauf wissen, ob es sich um einen Folgekauf oder um einen Erstkauf handelt. Berücksichtigen Sie das, wenn Sie gemeinsame Veranstaltungen oder Gewinnspiele konzipieren oder Coupons drucken lassen. Erheben Sie diese Information durch entsprechende Multiple-Choice-Fragen auf Einlasstickets, Coupons oder Postkarten. Wenn Sie beispielsweise gemeinsam mit einem Partner eine Treueaktion veranstalten, für die Sie mit Prämien Ihres EVK werben, können Sie eine Karte einsetzen, in die jeder Kauf per Stempel bestätigt wird (ähnlich den früheren Rabattmarkensystemen). Auf der Rückseite der Karte platzieren Sie zwei, drei Multiple-Choice-Fragen, die vor Einlösung zu beantworten sind. Den Ausbau Ihrer Marktposition (Ziel 4) können Sie an Umsatzzuwächsen und der Zahl der Neukunden festmachen. Ob es gelungen ist, neue Zielgruppen auf sich aufmerksam zu machen, ist in einigen Fällen sehr leicht über den Bestellvorgang zu kontrollieren – etwa, wenn Sie durch eine Newsletter-Empfehlung in einem neuen Marktsegment vorgestellt werden. In anderen Fällen sind Sie darauf angewiesen, entsprechende Daten zu erheben. Das gilt auch für weichere Ziele wie beispielsweise Imageveränderungen durch Markenallianzen. Für eine Erfolgsmessung müssen Sie Vergleichswerte haben: Wie wurde Ihr Image vorher beurteilt? Hat sich nach Durchführung der Kooperation daran etwas geändert? Vorstellbar wären Kundenbefragungen vor Ort, am Point of Sale, oder in der Fußgängerzone. Wenn Sie solche Befragungen weder selbst konzipieren und durchführen noch ein Institut beauftragen wollen, wäre die Zusammenarbeit mit einer Fachhochschule eine Alternative. Möglicherweise eignet sich Ihre Fragestellung für ein studentisches Projekt? Kontaktieren Sie am besten den Lehrstuhl für Marketing.

Seien Sie nicht zu ungeduldig: Manche Maßnahmen greifen (oder floppen) kurzfristig, beispielsweise Gutscheinaktionen oder Bestellempfehlungen. Andere, wie etwa Medienkooperationen, sind mittelfristig angelegt. Erwarten Sie nicht, dass Ihnen die Kunden nach einem einzigen Artikel oder Interview den Laden stürmen.

Etwas Geduld aufbringen

Der Aufbau eines Expertenstatus verlangt mehr als nur eine einmalige Präsenz. Das gilt auch für Umsatzberechnungen. Berücksichtigen Sie den gesamten Kundenertragswert, also den voraussichtlichen Mehrumsatz durch Wiederholungskäufe (siehe die Beispielrechnung in Kapitel 2: *Win-win in Reinkultur*).

Nicht vor praktischer Umsetzung zögern So weit zur praktischen Umsetzung von Marketing-Kooperationen. Je eher Sie Ihr eigenes Projekt angehen, desto besser. Glauben Sie mir: Zeit und Geld dafür sind gut investiert. Das bestätigt sich in meinem Beratungsalltag immer wieder. Um ein weiteres Beispiel zu nennen: Zu meinen Klienten zählt ein Spezialist für Glassanierungen. Fenster mit Doppelverglasung können im Laufe vieler Jahre blind werden. Meist wird dann die Scheibe ausgetauscht. Weit billiger ist es, das Glas anzubohren, zu spülen und kaum sichtbar zu versiegeln – nur wissen viele potenzielle Kunden gar nicht, dass es diese Möglichkeit gibt. Mögliche Kooperationspartner drängen sich in diesem Fall förmlich auf; vermutlich sind Sie mit Ihrem geschulten „Kooperationsblick" längst selbst drauf gekommen: Gebäudereiniger. Jeder Fensterputzer sieht sofort, wenn eine Scheibe blind bleibt. Ergebnis einer rasch eingefädelten Kooperation mit einem großen Reinigungsunternehmen: Umsatzzuwächse in deutlich fünfstelliger Höhe bereits im ersten Jahr! Sorgen Sie also dafür, dass der Ball ins Rollen kommt, und beginnen Sie gleich jetzt: Was sind Ihre ersten Schritte?

Erste Schritte für meine Marketing-Kooperation

1. _____ bis _____

(z. B. Ziel festlegen: Was will ich erreichen?)

2. _____ bis _____

(z. B. Konzept entwerfen:
Durch welche Maßnahme will ich das erreichen?)

3. _____ bis _____

(z. B. Marketingpartner/EVK auswählen:
Mit wem könnte ich kooperieren?)

4. _____ bis _____
(z. B. Vorbereitung des Erstkontaktes:
Wie lauten meine Argumente?)

5. _____ bis _____
(z. B. EVK ansprechen:
In welcher Reihenfolge kontaktiere ich Wunschpartner?)

Checkliste: Umsetzung Schritt für Schritt

„Es gibt nichts Gutes, außer man tut es", wusste Erich Kästner. Setzen
Sie Ihre Kooperationsideen um, bevor es jemand anders tut. Die wichtigsten Schritte:

☐ Bereiten Sie den Erstkontakt sorgfältig vor. Das betrifft sowohl Recherchen über den Ansprechpartner als auch eine bündige Argumentation zu Ihrer Kooperationsidee sowie den Umgang mit Einwänden.

☐ Überlegen Sie, ob Sie Kontakte zu Kooperationspartnern in Netzwerken, auf Veranstaltungen, als Kunde oder über die Empfehlung eines
Dritten anbahnen können. Mit einem kleinen Vertrauensvorschuss
fällt der Gesprächsstart leichter.

☐ Knüpfen Sie den Erstkontakt am besten im persönlichen Gespräch/
durch ein Telefonat. Seien Sie darauf vorbereitet, dem Gespräch an-
sprechend gestaltete Unterlagen folgen zu lassen.

☐ Lassen Sie sich durch eine Absage nicht entmutigen. Es wird immer
Unternehmer geben, die für Kooperationen nicht zu haben sind. Verschwenden Sie Ihre Zeit nicht weiter, sondern kontaktieren Sie den
nächsten möglichen Partner.

☐ Die „weiche" Komponente wird im Business oft unterschätzt: Seien
Sie jemand, mit dem man gern zusammenarbeitet – hören Sie auf-
merksam zu und schlüpfen Sie bei Ihrer Argumentation in die Rolle
Ihres Gegenübers.

☐ Erhärten Sie Ihre Argumentation mit Beispielrechnungen. Gehen Sie
dabei von plausiblen Annahmen über das Business des potenziellen
Partners aus.

- [ ] Überlegen Sie genau, welche Informationen Sie in welcher Phase der Verhandlung preisgeben wollen. Was könnte Mitbewerbern nutzen? Was könnte einen potenziellen Partner auf die Idee bringen, das Geschäft alleine durchzuziehen? Spätestens wenn Sie in die Details gehen (etwa in einem gemeinsamen Workshop), sollten Sie bei unbekannten Partnern eine schriftliche Geheimhaltungsvereinbarung treffen.
- [ ] Wenn Sie sich mit Ihrem Partner auf ein Kooperationskonzept geeinigt haben, sollten Sie einen Vertrag entwerfen, den Sie von einem Juristen prüfen lassen.
- [ ] Holen Sie beteiligte Mitarbeiter möglichst früh mit ins Boot. Je mehr ihre Ideen einbezogen werden, umso eher werden sie das Kooperationsprojekt mittragen.
- [ ] Treffen Sie wichtige Entscheidungen gemeinsam mit Ihrem Partner. Berücksichtigen Sie, dass die Meinungen darüber, was wichtig ist, auseinandergehen können.
- [ ] Verkomplizieren Sie die Projektdurchführung nicht unnötig. Setzen Sie auf einen einfachen Projektplan, der Projektschritte, Verantwortlichkeiten und Termine festhält, und behalten Sie die Kosten über einen stetigen Abgleich von Soll- und Ist-Ausgaben im Blick.
- [ ] Sprechen Sie Konflikte an, bevor sie eskalieren. Dabei ist der Griff zum Telefonhörer meist klüger, als lange Mails zu schreiben.
- [ ] Ziehen Sie am Ende des Projektes Bilanz. Für eine professionelle Erfolgskontrolle brauchen Sie Vergleichsdaten, nur dann können Sie die Wirkung Ihres Kooperationsprojektes solide einschätzen. Eine eindeutige Erfolgskontrolle setzt zudem klar definierte Marketingziele voraus.

5. Stillstand ist Rückschritt: Wie geht es weiter?

Zu kooperieren ist mehr als eine strategische Option – für viele meiner Kunden ist es inzwischen zur Businessphilosophie geworden. Wer einmal von den Möglichkeiten überzeugt ist, die Marketing-Kooperationen bieten, belässt es nicht bei Einzelprojekten. Wenn Sie den Kooperationsansatz ausbauen wollen, stehen Ihnen grundsätzlich folgende Wege offen:

Kooperation als Philosophie

Die Fortsetzung einer erfolgreichen Kooperation mit demselben Partner

Beispiele sind regelmäßige Couponaktionen statt einer einmaligen Maßnahme, die Neuauflage eines erfolgreichen Events usw. Wenn Sie erfolgreiche Aktionen zum festen Bestandteil Ihres Marketing-Jahresplanes machen, vereinfacht das Ihre Organisation. Außerdem profitieren Sie von bereits gemachten Erfahrungen und können die Aktion stetig optimieren.

Wege zur Fortführung der Kooperation

Der Ausbau einer erfolgreichen Kooperation mit demselben Partner

Was als Cross-Advertising begonnen hat, könnte beispielsweise in eine Vertriebspartnerschaft münden; ein Querverkauf könnte den Weg ebnen für eine enge Kooperation in Form einer Markenallianz oder gemeinsamen Produktentwicklung. Dazu werden Sie sich auf die Partner konzentrieren, mit denen die Zusammenarbeit besonders gut klappt und denen Sie vertrauen.

Kooperationen mit weiteren Partnern zur Erreichung desselben Ziels

Zur Gewinnung neuer Kunden könnten Sie beispielsweise auf lokaler Ebene Couponing einsetzen, überregional mit einem Online-Händler kooperieren, der dafür sorgt, dass Ihr Produkt bundesweit erhältlich ist, und das Ganze durch eine Medienkooperation flankieren, die Ihren Bekanntheitsgrad steigert und Kunden direkt zu Ihnen oder in den Online-Shop führt. Sie werden sehr schnell feststellen, dass überdurchschnittlich erfolgreiche Geschäftspartner sich durch eben diese Rührigkeit auszeichnen und in allen Bereichen, so auch beim Marketing, eine hohe Dynamik aufweisen.

Kooperationen mit weiteren Partnern zur Erreichung weiterer Ziele

Expansionspläne, die Sie allein nicht realisieren können, werden durch geeignete Partner möglich – beispielsweise die Entwicklung neuer Produkte, das Erschließen neuer Märkte usw. Prüfen Sie vorab, was mit aktuellen Partnern möglich ist. Man muss ja nicht in die Ferne schweifen, wenn das Gute bereits ganz nah liegt.

Aus Erfahrungen lernen | Sammeln Sie Erfahrungen, bauen Sie vielversprechende Ansätze aus, verabschieden Sie sich von Projekten, die nicht den gewünschten Erfolg bringen – kurz: Lernen Sie mit jeder Kooperation dazu! Marketing-Kooperationen werden so zu einer Ihrer grundlegenden Erfolgsstrategien. Dabei werden Sie über konkrete Umsatzzuwächse hinaus auch vom Austausch mit kompetenten Businesspartnern profitieren. Als Freiberufler oder Unternehmer sind Sie es gewöhnt, den Karren alleine zu ziehen, doch immer im eigenen Saft zu schmoren, tut auf die Dauer niemandem gut und kann zu Betriebsblindheit führen. Kooperationen heben dieses Einzelkämpfertum partiell auf. Außerdem erweitern Sie stetig Ihr Netzwerk, und auch das ist – gerade in wirtschaftlich schwierigen Zeiten – Gold wert!

Um weitere Kooperationspotenziale auszuloten, bietet sich eine einfache Matrix an, die Kooperationsziele und Erfolg versprechende Kooperationspartner (EVKs) zueinander in Beziehung setzt:

	ZIEL ① (z. B. Marketingkosten senken)	ZIEL ② (z. B. Neukundengewinnung forcieren)	ZIEL ③ (z. B. zusätzliche Produkte anbieten)
PARTNER ① Müller GmbH			
PARTNER ② XYZ Versand	Austausch Katalogseiten		Vertriebsgemeinschaft
PARTNER ③ ABC-Shop	Gemeinsame Werbung auf Tragetaschen, Doppelanzeigen	Gegenseitige Newsletter-Empfehlung	
PARTNER ④ X-Produktion			
USW.			

Ausloten weiterer Kooperationspotenziale

Weiße Flecken in dieser Matrix können Anlass sein, gezielt nach weiteren Kooperationsmöglichkeiten und -partnern zu fahnden. Auf diese Weise wird Ihr Erfolg geradezu unvermeidlich …

Berichten Sie mir gerne von Ihren Erfahrungen, teilen Sie mir Ihre umgesetzten Kooperationsideen und Erfolge mit! Sie erreichen mich unter E-Mail: buch@marketingtip.de. Sie wollen weiter auf dem Laufenden bleiben? Ich habe für Sie, liebe Leserin und lieber Leser, eine eigene Website mit weiteren Informationen wie etwa Beispielen, Checklisten, Linkhinweisen usw. eingerichtet. Anmeldung über www.marketingkooperationen-das-buch.de. Auf der Website werden Sie dann nach einem Passwort gefragt.

Übrigens: Der bekannte amerikanische Topmanagement-Coach Robert Hargrove sagte einmal, das verbindende Merkmal der größten Unternehmerinnen und Unternehmer im 21. Jahrhundert werde ihre Fähigkeit sein, mit anderen kreativ zusammenzuarbeiten. In diesem Sinne: Seien Sie kreativ, entwickeln Sie Kooperationsideen und setzen Sie diese in die Praxis um! Neue Kunden und mehr Umsatz werden nicht lange auf sich warten lassen! Das garantiert Ihnen

Ihr
Christian Görtz

Anmerkungen

Kapitel 1

[1] Jay Abraham, Joint Ventures: From Mediocrity to Millions, S. 26, THe Jay Abraham Group 2005 (Internet-Publikation für Seminarkunden).

[2] Noshokaty, Döring & Thun: „Marketing-Kooperationen in der Krise? Ergebnisse einer branchenübergreifenden Studie". Download unter www.noshokaty-doering-thun.com/de/leistung_marketingkooperationen.php.

[3] Eggert: Titel eines Vortrags auf der Messe „Co-Brands 2009". Abraham: In seinem neuesten Buch „The Sticking Point Solution" (cds Books 2009), S. 213.

Kapitel 2

[1] Jay Abraham, 1.000 Supertipps für Powermarketing mit kleinem Budget. Landsberg: mvg Verlag 2000, S. 121.

[2] Hermann Scherer, Jenseits vom Mittelmaß. Offenbach: GABAL 2009, S. 110.

[3] Chris Rempel's Instant Joint Venture Success System (2006), S. 65. Berlin 2009, Download unter www.noshokaty-doering-thun.com/fileadmin/downloads/NDT_Studie_Marketingkooperationen_2009.pdf

[4] www.boersenblatt.net vom 11.11.2009 („Paschen Lounge für Seckbach: Jedes Regal zählt").

[5] Der Spiegel Nr. 35 vom 24.08.2009, S. 116.

[6] Newsletter der Agentur, Download unter www.gfb.at/mediadb/296/824/INT0501m_GFB_Aktuell1.pdf.

[7] Tobias Meyer/Michael Schade, Cross-Marketing – Allianzen, die stark machen. Göttingen: Verlag Business Village 2007, S. 48.

[8] www.crosspromotion-mit-tragetaschen.de.

[9] www.wiesmann.com > „Wiesmann Events".

[10] Pressemitteilung der EMI.

[11] www.netzwerkrecherche.de und der dortige Beitrag von Thomas Schnedler: „Getrennte Welten? Journalismus und PR in Deutschland", in dem auch die Leipziger Studie zitiert wird.

[12] Hermann Scherer, Jenseits vom Mittelmaß. GABAL 2009, S. 187.

[13] www.hr-online.de > Radio > hr1 > Service > ProfiTeam, Abruf am 25.01.2010.

[14] Teil 21 unter dem Titel „Small Talk in der Rushhour" erschien am 25.01.2010. Autorin: Sabine Hilliger.

[15] www.claudia-haubrock.de.

[16] Eric Yaverbaum u. a., PR für Dummies. Weinheim: Wiley VCH 2. Aufl. 2007; Robert Deg, Basiswissen Public Relations. Wiesbaden: VS Verlag für Sozialwissenschaften, 2. Aufl. 2006.

[17] Beispiel: Tobias Meyer/Michael Schade, Cross-Marketing – Allianzen, die stark machen. Göttingen: Verlag Business Village 2007, S. 42.

[18] www.mcdonalds.de (> Unternehmen > Zahlen & Fakten).

[19] www.sano-online.de/Technik.

[20] Jay Abraham, Joint Ventures. From Mediocrity to Millions (Internetpublikation für Seminarkunden).

[21] www.sauerlaender-hof-willingen.de.

[22] Veranstaltung zum Thema Produktbündelung: www.eurac.edu/en/eurac/press/EntryBlob.customhandler?newsID=7440&language=de, Wiku 28.03.07 2007.

[23] Quelle: Wiku vom 28.03.2007; Download unter www.eurac.edu/webscripts/eurac/services/viewblobnews.asp?newsid=7440.

[24] Hermann Scherer, Jenseits vom Mittelmaß. Unternehmenserfolg im Verdrängungswettbewerb. Offenbach: GABAL 2009, S. 110.

[25] www.markenlexikon.com > Co-Branding.

[26] Wolfgang Jenewein, Gwen Kaufmann, Christine Wichert: „Drum prüfe, wer sich bindet… – Eine empirische Untersuchung zur Wirkung von Marketingkooperationen"; in: Thexis Nr. 3/2007, S. 35 ff.

[27] Artikel „Gleichklang im Marken-Duett" (Download unter www.markenlexikon.com).

[28] www.markenlexikon.com (> Glossar > „Lizenzierung").

[29] Jay Abraham, Joint Ventures. From Mediocrity to Millions, S. 224 f. (Internetpublikation für Seminarkunden).

[30] In: „Chris Rempel's Instant Joint Venture Success System. Vol. 1", S. 36 (Download unter www.instantjointventuresuccess.com).

[31] Vgl. www.jv-web.com/jv_consulting.html.

[32] Hier: „WinWin. Agentur für Kooperationsmarketing". Siehe auch „W&P GmbH – Agentur für zielgruppenorientiertes Kooperationsmarketing", die Hamburger „A7 communication GmbH" oder „friends direct – Agentur für Kooperationsmarketing".

Kapitel 3

[1] In einer Präsentation zum Thema „Management von Marketing-Kooperationen". Download unter http://fbwirt.fh-hannover.de/schuetz/downloads/seminare_skripte/Marketing-Kooperation.pdf.

[2] Peter Sawtschenko, Positionierung – das erfolgreichste Marketing auf unserem Planeten. Offenbach: GABAL 2005, S. 21.

[3] Jay Abraham, 1.000 Supertipps für Power-Marketing mit kleinem Budget. Landsberg am Lech: mvg Verlag 2 000, S. 52. (Leider ist diese Fundgrube von Marketingideen zurzeit vergriffen.)

[4] Peter Sawtschenko, Positionierung – das erfolgreichste Marketing auf unserem Planeten, a. a. O.

[5] Das „brennendste Problem" einer Zielgruppe zu ermitteln und bestmöglich zu bedienen, so lautet eine der zentralen Empfehlungen der EKS (Engpass-konzentrierten Strategie) nach Wolfgang Mewes, auf die sich viele Erfolgsunternehmer berufen. Wenn Sie mehr darüber nachlesen möchten: Kerstin Friedrich, Fredmund Malik, Lothar Seiwert: Das große 1x1 der Erfolgsstrategie. EKS® - Erfolg durch Spezialisierung. Offenbach: GABAL, 13., völlig überarb. und erweit. Neuaufl. 2009.

[6] Einen Überblick über das Modell finden Sie bei Wikipedia unter „Sinus-Milieu" sowie unter www.sociovision.de; eine Kritik

des Modells unter dem Titel „Deutschland – eine Kartoffel-grafik?" unter www.heise.de.

[7] Etwa: „Kinderlose Doppelverdiener", „Gutsituierte Senioren", „Gesundheits- und Nachhaltigkeitsbewusste", „Bewusst bescheiden Lebende".

[8] Unter www.mittelstandswiki.de/Zielgruppenanalyse

[9] Dr. Jürgen Kaack, Produktentwicklung und Zielgruppen. Im Internet unter www.mittelstandsblog.de/wp-content/uploads/2007/02/0701-produktentwicklung-und-zielgruppen.pdf.

[10] Hermann Scherer, Jenseits vom Mittelmaß, a. a. O., S. 187.

[11] www.absatzwirtschaft.de (Artikel „Mit welchen Erwartungen kooperieren Unternehmen in der Krise?", 14.05.2009) und Studie „Marketingkooperationen in der Krise?" (Download unter http://www.noshokaty-doering-thun.com/fileadmin/downloads/NDT_Studie_Marketingkooperationen_2009.pdf).

[12] Marc und Terry Goldman, Joint Venture Secrets Revealed, Goldbar Enterprises LLC, New York, 4. Auflage 2003.

[13] Interview mit Gerhard Weber (Vorstandsvorsitzender Gerry Weber) und Bernd Göbel (Geschäftsführer Hülsta) in media & marketing 8-9, 2000, S. 24 f.

[14] Chris Rempel's Instant Joint Venture Success System (2006), S. 32. Download unter www.instantjointventuresuccess.com.

[15] Unter finanziellem Aufwand verstehe ich hier den Investitionsbedarf im Vorfeld, nicht nachträgliche Aufwendungen in Form von Erfolgsprovisionen und Gewinnbeteiligungen.

[16] Jay Abraham, Joint Ventures: From Mediocrity to Millions, a. a. O., S. 67.

[17] Eine gute Übersicht zu Vorteilen und Risiken verschiedener Kooperationsformen bietet Alfred Griffioen in „Marketing alliances for extra turnover". Download unter www.slideshare.net/AlfredGriffioen/marketing-alliances-for-extra-turnover-6-archetypes.

Kapitel 4

[1] In Anlehnung an Jay Abraham, Joint Ventures: From Mediocrity to Millions, a. a. O., S. 45.

[2] Jay Abraham, Joint Ventures. From Mediocrity to Millions, a. a. O., S. 251 ff.

[3] Alfred Griffioen, „Marketing alliances for extra turnover". Download unter www.slideshare.net/AlfredGriffioen/marketing-alliances-for-extra-turnover-6-archetypes.

[4] Ein ausführliches Interview zur Vertragsgestaltung bei Marketing-Kooperationen haben Tobias Meyer und Michael Schade in ihrem Buch „Cross-Marketing – Allianzen, die stark machen" geführt (a. a. O., S. 82 ff.).

[5] Meyer/Schade, Cross-Marketing – Allianzen, die stark machen, a.a.O., S. 80.

[6] Die 80/20-Regel ist nach ihrem Begründer auch als „Pareto-Prinzip" bekannt. Der italienische Volkswirt Vilfredo Pareto fand heraus, dass 80 Prozent des italienischen Volksvermögens in den Händen von 20 Prozent der Bevölkerung lagen, und empfahl Banken, sich auf diese besonders lukrativen Kunden zu konzentrieren. Heute wird die Regel in vielen Zusammenhängen zitiert. Sie lenkt die Aufmerksamkeit u. a. darauf, dass viel Aufwand nicht unbedingt gleich viele Ergebnisse bringt (Beispiel: Die Kernideen/80 Prozent einer Präsentation haben Sie in 20 Prozent der Zeit erstellt, das Feilen an Einzelheiten verschlingt 80 Prozent der Zeit, trägt aber höchstens noch 20 Prozent zum Inhalt bei.). Ob das Zahlenverhältnis im Einzelfall 80/20, 85/15 oder anders ist, ist für die Grundidee unerheblich.

Stichwortverzeichnis

Über den Autor

Christian Görtz, Diplom-Betriebswirt, ist erfahrener Marketing-experte und berät seit mehr als zwanzig Jahren Selbstständige, Freiberufler, kleine und mittelständische Unternehmen. Seine Kunden kommen aus über 200 Branchen, sein Motto: „Mein Geschäft ist, dass Sie mehr Geschäft machen."

Görtz gilt als Vordenker für Kooperations-Marketing und Joint-Venture-Marketing-Strategien sowie als Pionier in der Anwendung dieser Konzepte im deutschsprachigen Raum. Durch weltweiten Erfahrungsaustausch mit anderen Marketingexperten ist er bei effektiven und schnellen Neukundengewinnungsstrategien stets auf dem neuesten Stand. Seine Kunden begeistert er durch sofort umsetzbares, packendes Know-how, das er in Vorträgen, Workshops und Einzelberatungen weitergibt.

Kontakt zum Autor:
Joint Marketing Consult e.K.
Rügnerstr. 69, 64319 Pfungstadt
Tel. 06157-3233 · Fax 06157-2830

E-Mail: info@marketingtip.de
Websites:
www.marketingtip.de
www.marketingkooperationen-das-buch.de

Dank

Dieses Buch wäre ohne meine Kunden und Geschäftspartner, ohne Freunde und Bekannte nie entstanden. Viele halfen direkt und indirekt mit. Dank an: Prof. Dr. Lothar Seiwert, der mich immer wieder gefragt hat, wann mein Buch erscheint; Peter Sawtschenko, der mich als Mentor seit Jahren begleitet; Frau Dr. Petra Begemann für gute Ideen und professionelle Textredaktion; Herrn Ralph Schreiner für seine Illustrationen; Frau Ute Flockenhaus und Frau Ursula Rosengart vom GABAL Verlag für das geschenkte Vertrauen in dieses Buchprojekt. Des Weiteren wäre dieses Buchprojekt ohne den Einfluss meiner Mentoren wie Jay Abraham und vieler anderer Marketingexperten, von denen ich so viel lernen durfte, nicht entstanden.

GABAL: Ihr „Netzwerk Lernen" – ein Leben lang

Ihr Gabal-Verlag bietet Ihnen Medien für das persönliche Wachstum und Sicherung der Zukunftsfähigkeit von Personen und Organisationen. „GABAL" gibt es auch als Netzwerk für Austausch, Entwicklung und eigene Weiterbildung, unabhängig von den in Training und Beratung eingesetzten Methoden: GABAL, die **G**esellschaft zur Förderung **A**nwendungsorientierter **B**etriebswirtschaft und **A**ktiver **L**ehrmethoden in Hochschule und Praxis e.V. wurde 1976 von Praktikern aus Wirtschaft und Fachhochschule gegründet. Der Gabal-Verlag ist aus dem Verband heraus entstanden. Annähernd 1.000 Trainer und Berater sowie Verantwortliche aus der Personalentwicklung sind derzeit Mitglied.

Die Mitgliedschaft gibt es quasi ab 0 Euro!
Aktive Mitglieder holen sich den Jahresbeitrag über geldwerte Vorteil zu mehr als 100% zurück: Medien-Gutschein und Gratis-Abos, Vorteils-Eintritt bei Veranstaltungen und Fachmessen. **Hier treffen Sie Gleichgesinnte, wann, wo und wie Sie möchten:**

- Internet: Aktuelle Themen der Weiterbildung im Überblick, wichtige Termine immer greifbar, Thesen-Papiere und gesichertes Know-how inform von White-papers gratis abrufen
- Regionalgruppe: auch ganz in Ihrer Nähe finden Treffen und Veranstaltungen von GABAL statt – Menschen und Methoden in Aktion kennen lernen
- Jahres-Symposium: Schnuppern Sie die legendäre „GABAL-Atmosphäre" und diskutieren Sie auch mit „Größen" und „Trendsettern" der Branche.

Über Veröffentlichungen auf der Website (Links, White-papers) steigen Mitglieder „im Ansehen" der Internet-Suchmaschinen.
Neugierig geworden? Informieren Sie sich am besten gleich!

Lernen Sie das Netzwerk Lernen unverbindlich kennen.
Die aktuellen Termine und Themen finden Sie im Web unter **www.gabal.de.**
E-Mail: info@gabal.de.

Telefonisch erreichen Sie uns per 06132.509 50-90.

„Es ist viel passiert, seit Gründung von GABAL: Was 1976 als Paukenschlag begann, ... wirkt weit in die Bildungs-Branche hinein: Nachhaltig Wissen und Können für künftiges Wirken schaffen ..."
(Prof. Dr. Hardy Wagner, Gründer GABAL e.V.)